小出秀雄 KOIDE Hideo
Resource Circulation Economy
and Internalization of Externalities

資源循環経済と
外部性の内部化

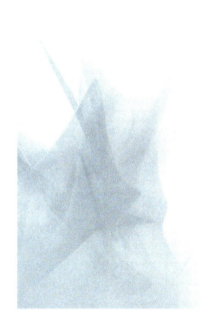

勁草書房

はしがき

　唐突であるが，昨年の4月から，本学の大学院の講義を担当している。本学では教授職のみが大学院の教育にかかわることができるのだが，小生もその職に就いたのを機に，「経済政策特殊研究」という名の講義を受け持つことになった。ただ寂しいことに，わが経済学研究科の修士課程には，片手で数えるほどしか学生がいない。したがって，新米である小生の講義を履修する学生はいないだろう，と思い込んでいた。

　しかし，なぜか2年連続で1名ずつ，履修者がいる。多くの選択肢がある中で，ありがたいことである。毎週マンツーマンで，テキストの内容の理解に応じてこつこつと進んでいく。何しろ自分と相手しかいないのだから，どちらかが途中で悩み始めると次に進めない。そのときは思ったことを自由に話し合い，少しずつ疑問を解消しながら，先へと進む。折しもその時間帯，同じフロアに人影はない。静寂の中，われわれだけが勉学に没頭している。

　大学院の教育を担当するようになって，自分が大学院生だった頃のことをよく思い出すようになった。今も昔も，大学院生は忙しい身分である。日常の講義に出席して課題をこなしつつ，独自の研究テーマを見つけ出し，それを追究しなければならない。指導教官が過剰なまでに親切か，自分の仕事を丸投げするような人でない限り，有意義な研究テーマは天から降ってこない。自分の能力とも相談しつつ，誰もやっていないようなやりがいのあるテーマを苦心して見つけなければならない。

　小生が本書の研究テーマに可能性を見出したのは，たしか修士課程1年の後半だった。当時すでに環境経済学の発展は多岐に及んでいたが，廃棄物の処理や資源のリサイクリングについての経済学的研究はなぜかあまり見かけない印象をもっていた。そこで意を決して，毎日書庫の中で文献の「発掘作業」に明け暮れた結果，やはりこの分野は開拓の余地があることを知るに至った。とはいえ，その周りに多くのヒントが存在したのも事実である。

結局，修士論文「リサイクリングの経済分析：資源配分の是正の観点から」（1996年1月提出）のまえがきで，大胆にも次のように書いた。

　　今振り返って見れば，リサイクリングという行動原理の理論的分析が，経済学の研究対象として「穴場」であると確信したのは，一昨年（注：1994年）の晩秋の頃であった。また，過去においてリサイクリングをダイレクトに論じた文献がきわめて少ないことを知り，周辺分野の研究成果を積極的にサーヴェイするよりほかに研究の進めようがないことを実感したのは，昨年（注：1995年）の初夏の頃であった。さらに，「希少な資源（＝リサイクリングに関する研究成果）をいかに有効に利用するか」という経済学の基本課題は，論文を書くときにも十分あてはまるのだということを，ここ数カ月間の執筆作業で学んだ。　　　　　　　　　　　　　　　　　［ほぼ原文通り］

それから10年以上が経過し，学界の状況は変貌した。この分野に関心をもつ研究者の新規参入は続いており，理論研究および実証研究のレベルは高まる一方である。そのようなダイナミックでシビアな競争の中で，オーソドックスな経済学の手法に依拠した本書を発表することにほんの少しでも意義があることを，切に願う次第である。

著　　者

iii

目　　次

　はしがき

　本書の各章の初出一覧

　本書の全般的な約束事項

　モデルで使用するアルファベット一覧 (1)：ラテン文字

　モデルで使用するアルファベット一覧 (2)：ギリシャ文字

序　章　本書の目的 …………………………………………………………… 3

第 1 部　基本的なモデル

第 1 章　資源利用と廃棄物処理のモデル ……………………………………… 15

　　1 － 1　はじめに　15

　　1 － 2　モ　デ　ル　16

　　1 － 3　パレート最適　20

　　1 － 4　競争均衡　23

　　1 － 5　最適な課税・補助の組み合わせ　26

　　1 － 6　おわりに　33

第 2 章　排出抑制と排出規制のモデル ……………………………………… 36

　　2 － 1　はじめに　36

　　2 － 2　モ　デ　ル　39

　　2 － 3　パレート最適　41

　　2 － 4　競争均衡　42

　　2 － 5　排出規制下の課税・補助の組み合わせ　44

　　2 － 6　おわりに　49

第2部　政策の選択

第3章　課徴金・補助金の設定方法 …………………………………… 55
3－1　はじめに　55
3－2　モ デ ル　56
3－3　パレート最適　60
3－4　競争均衡　61
3－5　課税・補助決定式の導出　63
3－6　課徴金・補助金の選択　69
3－7　おわりに　74

第4章　容器を対象とする政策 ……………………………………… 76
4－1　はじめに　76
4－2　モ デ ル　78
4－3　パレート最適　81
4－4　競争均衡　84
4－5　最適政策の導出　86
4－6　課税・補助の分担方法　90
4－7　おわりに　94

第3部　引取料金と不法投棄

第5章　引取料金制度と経済的手法 ………………………………… 97
5－1　はじめに　97
5－2　モ デ ル　99
5－3　パレート最適　102
5－4　競争均衡　102
5－5　最適な経済的手法　106
5－6　リサイクル率に下限が課されるとき　112

目　　次　　　　　　　　　v

　　5－7　おわりに　115

第6章　不法投棄が隠蔽されるときの政策 ………………………… 118
　　6－1　はじめに　118
　　6－2　モ　デ　ル　120
　　6－3　パレート最適　123
　　6－4　競争均衡　125
　　6－5　最適性のための条件　130
　　6－6　最適な製品課税率　133
　　6－7　隠蔽が行われないとき　136
　　6－8　隠蔽が行われるとき　142
　　6－9　おわりに　151

第7章　引取料金と処理責任の数量効果　……………………… 154
　　7－1　はじめに　154
　　7－2　モ　デ　ル　156
　　7－3　市場均衡および引取料金の収支　161
　　7－4　比較静学(1)：所得および引取料金率　164
　　7－5　比較静学(2)：各種料金率　170
　　7－6　比較静学(3)：排出抑制　171
　　7－7　比較静学(4)：リサイクリング強化　175
　　7－8　おわりに　177
　　数学付録：比較静学　179

終　章　本書の成果と課題　………………………………… 185

参考文献　………………………………………………………… 191

謝　　辞　………………………………………………………… 199

索　　引　………………………………………………………… 203

本書の各章の初出一覧

序　章　書き下ろし。

第1章　「外部性をもつ資源利用，及び廃棄物処理の一般均衡分析」，細江守紀・藤田敏之編
　　　　著『環境経済学のフロンティア』勁草書房，139-163頁，2002年10月。

第2章　"Double Waste Reduction under Standards,"『西南学院大学経済学論集』（西
　　　　南学院大学学術研究所，以下省略）第39巻第3号，31-52頁，2005年1月。

第3章　"Materials Cycle and Tax-and-Subsidy Sharing Rules," in Kuboniwa,
　　　　Masaaki eds., "Recent Development in Environmental Economics (Part 1),"
　　　　Discussion Paper Series B No.26, Institute of Economic Research, Hitotsuba-
　　　　shi University, pp.1-27, March 2002.

第4章　"Bottle Targeted Policies in Material Cycles,"『西南学院大学経済学論集』第
　　　　38巻第4号，31-55頁，2004年2月。

第5章　「家電リサイクル法の料金制度と経済的手法」，西日本理論経済学会編『環境政策と
　　　　雇用政策の新展開』（『現代経済学研究』第11号）勁草書房，3 -24頁，2004年8月。

第6章　「不法投棄の隠蔽が行われるときの最適な政策の組み合わせ：前編」『西南学院大学
　　　　経済学論集』第40巻第2号，47-62頁，2005年10月，および「不法投棄の隠蔽が行わ
　　　　れるときの最適な政策の組み合わせ：後編」，『西南学院大学経済学論集』第40巻第3
　　　　号，59-84頁，2005年12月。

第7章　「廃家電製品の引取料金と処理責任の数量効果」，西日本理論経済学会編『経済発展
　　　　と公共政策の展開』（『現代経済学研究』第13号）勁草書房，117-149頁，2006年10月。
　　　　その草稿は，「家電リサイクル法における料金制度と処理責任の数量効果」（「環境経
　　　　済論の最近の展開 2004」〔ディスカッションペーパーシリーズ B No.30，一橋大学
　　　　経済研究所，2004年8月〕に所収）。

終　章　書き下ろし。

本書の全般的な約束事項

[1] 一部を除き，基本的に，アルファベットの小文字は1人当たりの量，大文字は経済全体での総量を意味する。
【例：個人による不法投棄の量を d，総投棄量を D と仮定する。】

[2] 煩雑を避けるため，パレート最適解と競争均衡解の表記を区別しない。ただし，競争均衡条件を求める際のラグランジュ関数およびラグランジュ乗数には，上添え字 x を付して区別する。
【例：パレート最適化問題のラグランジュ関数を L，主体的均衡問題の同関数を L^x とする。】

[3] 多変数関数の偏導関数の下添え字には，変数間で区別する必要がない場合は，1文字のみを使用する。また，区別する必要があるときは，2文字の下添え字を使う。
【例：効用水準 u の決定に x^t と x^d が関わるとき，それぞれの限界効用を，u_{xt} と u_{xd} で表す。】

[4] 特に言及しない限り，多変数関数の交差偏導関数はすべてゼロとする。

[5] 各種最大化の2階条件が満たされるように，各関数形を仮定する。

[6] 一部を除き，パレート最適あるいは競争均衡において得られる解は内点解であり（＝各種最大化の1階条件が等号で成立），制約式は拘束的である（＝等号で成立）と仮定する。また，第1章を除き，等号で成立する制約式を1階条件として反復表記しない。

[7] 本書で頻繁に現れる「課税・補助」あるいは「課徴金・補助金」という言い方は，ありうる課税政策と補助政策をまとめて表現するために使用している。それゆえ，この範疇は，政策が課税のみの場合や補助のみの場合も特殊例として含んでいる。また，税金と課徴金の微妙な性質的違いを考慮しない。

[8] 政策当局が他の経済主体から徴収した（純）税収は，同経済主体に一括移転されるものと仮定する。したがって，その大きさは，経済主体の意思決定に影響を及ぼさない。

モデルで使用するアルファベット一覧(1):ラテン文字

文　字	主な意味	文　字	主な意味
a	容　器	A	(置　換)
b	使用済み製品の引き取り	B	(置　換)
c	製　品	C	製　品
d	不法投棄	D	不法投棄
e	潜在的廃棄物	E	潜在的廃棄物
f	製品の生産	F	(置　換)
g	原料の生産	G	(置　換)
h	収集運搬費用	H	(置　換)
i	(添)廃棄物処理業者	I	(置　換)
j	(添)見かけの投棄	J	(置　換)
k	再生資源	K	(置　換)
l	(添)余暇	L	ラグランジュ関数
m	自治体処理，所得	M	
n	経済主体数	N	
o		O	
p	市場価格	P	
q	単位収益	Q	(置　換)
r	(添)排出抑制，回収，再利用	R	排出抑制，再生資源
s	(添)再生利用，引取料金率	S	料　金
t	課税率，罰金率	T	限界不遵守費用
u	効　用	U	効　用
v	未使用資源	V	未使用資源
w	最終処分，廃棄物	W	最終処分，残渣
x	各種労働，有効引取	X	利用可能時間
y	原　料	Y	(置　換)
z	見かけの投棄	Z	(置　換)

[注] (添)…添え字として。

モデルで使用するアルファベット一覧(2)：ギリシャ文字

文　字	主な意味	文　字	主な意味
α	使用済み製品の排出率	A	
β	製造業者のリサイクル率	B	
χ	(添)競争均衡	X	
δ	リサイクルの排出係数	Δ	行列式
ε	排出抑制率	E	
ϕ	再資源化率	Φ	行列式
γ	再利用率	Γ	
η	ラグランジュ乗数	H	
ι		I	
κ	ラグランジュ乗数	K	
λ	ラグランジュ乗数	Λ	
μ	ラグランジュ乗数	M	
ν	純リサイクル価格	N	
o		O	
π	利　潤	Π	
θ	リサイクル費用	Θ	
ρ	不法投棄の発覚確率	P	
σ	ラグランジュ乗数	Σ	
τ	販売費用	T	
υ		Υ	
ω	ラグランジュ乗数	Ω	
ξ	ラグランジュ乗数	Ξ	
ψ	資源採掘	Ψ	
ζ	単位リサイクル費用	Z	

［注］(添)…添え字として。

資源循環経済と外部性の内部化

序　章　本書の目的[1]

　本書は，資源が循環利用される状況を明示した経済理論モデルを構築し，経済活動によっていくつかの外部性が生じる場合に，政策当局がどのような政策を設定すれば当該外部性を市場経済の意思決定に内部化できるのかを検討したものである。

　日本では2000年に，「循環型社会形成推進基本法」[2]などの廃棄物関係6法が立て続けに制定あるいは改定され[3]，資源の有効利用や廃棄物の排出抑制に対する社会的な意識がいっそう高まっている。その流れの中で，特定の資源や製品に関して再資源化や再商品化などのリサイクルを義務付ける，いわば「個別リサイクル法」[4]が次々施行されている。

　他方，不法投棄に代表される廃棄物の不適正処理は，抑止が着実に進んでいるとは言い難い状況にある。例えば，環境省が発表したデータによると，2005年度における家電リサイクル対象製品の不法投棄台数は，2004年度に比べて，

1）　初出：書き下ろしに加えて，一部拙稿「リサイクリングの経済分析：資源配分の是正の観点から」（一橋大学大学院経済学研究科修士論文，1996年1月提出），「外部性をもつ資源利用，及び廃棄物処理の一般均衡分析」（細江守紀・藤田敏之編著『環境経済学のフロンティア』勁草書房，139－163頁，2002年10月（＝本書第1章）），および「使用済み製品の引取と不法投棄の内部化政策：基本モデル」（『西南学院大学経済学論集』第39巻第4号，31-56頁，2005年3月）を利用している。
2）　2000年6月2日公布（法律第110号），2001年1月6日全面施行。
3）　前述の基本法以外の5つの法律は，以下の通りである。[1]「廃棄物の処理及び清掃に関する法律」（＝「廃棄物処理法」）の改正，[2]「資源の有効利用の促進に関する法律」の制定（＝「再生資源の利用の促進に関する法律」の全面改正），[3]「建設工事に係る資材の再資源化等に関する法律」（＝「建設リサイクル法」）の制定，[4]「食品循環資源の再生利用等の促進に関する法律」（＝「食品リサイクル法」）の制定，[5]「国等による環境物品等の調達の推進等に関する法律」（＝「グリーン購入法」）の制定。
4）　現在，以下の5つの個別リサイクル法が施行されている。[1]「容器包装に係る分別収集及び再商品化の促進等に関する法律」（＝「容器包装リサイクル法」）。[2]「特定家庭用機器再商品化法」（＝「家電リサイクル法」）。[3]「建設リサイクル法」（前述）。[4]「食品リサイクル法」（前述）。[5]「使用済自動車の再資源化等に関する法律」（＝「自動車リサイクル法」）。

合計で16,825台減少（＝10％減少）している[5]。ただし，自治体単位で見ると，当該製品の不法投棄台数が増加した自治体は742（＝全体の41.6％）であり，前年度の調査結果（＝37.6％）から4ポイント上昇している[6]。つまり，それぞれの地域社会にとって，不法投棄が厄介な問題であることに変わりはない[7]。

　また，国際的には，OECD (2001)が提唱する「拡大生産者責任」(Extended Producer Responsibility)の考え方が徐々に広まっており，消費者に対して製品を生産し販売する者は，消費後の製品の適正な処理に関しても，何らかの形での物理的責任（＝処理責任），あるいは金銭的責任（＝費用負担）を負うことが求められている。また，EUでは現在，"WEEE"指令と"RoHS"指令に基づく「廃電気電子機器リサイクル制度」が実施されており[8]，さらに2007年6月には，人類史上最強の化学物質規制といえる"REACH"規制が発効した[9]。このような環境規制の強化はEU加盟国のみならず，わが国を含めた世界各国の法制度や関連企業の対策にも大きな影響を与えている。

　このように現在，国内外で資源循環を一層推進すること，およびその裏での不法投棄を極力抑止することが各国あるいは地域の重要な政策課題となっている中で，経済学の一般均衡分析の枠組みに基づいて，政策当局がどのような政策を講じるべきなのかを規範的に論じることは，有意義な作業である。なお，対象を限定する部分均衡分析も，その目的によっては十分に有効であるが，資源循環というものを分析の前提とする以上，経済全体の流れを明示する一般均衡分析の手法がより適切であろう。

5）　環境省(2006b)。そのうち，エアコンは5,256台，テレビは3,884台，冷蔵庫・冷凍庫は3,861台，洗濯機は3,824台，それぞれ不法投棄が減少している。

6）　環境省(2006b)。一方，投棄台数が減少した自治体の割合は，51.5％から49.9％へと低下している。

7）　わが国における産業廃棄物の大規模な不法投棄とその原状回復作業の事例報告として，小出(2006b)を参照されたい。

8）　WEEE指令とは，廃電気電子機器(Waste Electrical and Electronic Equipment)のリサイクリングに関する指令であり，RoHS指令とは，（同機器中の）有害物質の使用制限(Restriction of the Use of Certain Hazardous Substances in Electrical and Electronic Equipment)に関する指令である。これらの制度の概要については，小出(2004)を参照されたい。

9）　REACHとは，"Registration, Evaluation, Authorisation and Restriction of Chemicals"の略称である（EUのREACHの解説〔http://ec.europa.eu/environment/chemicals/reach/reach_intro.htm〕）。

序　章　本書の目的　　　5

それに加えて，この理論分析を展開するにあたって，特に，モデルで仮定する経済活動に付随する，市場取引では反映されえない外部的な諸影響すなわち外部性の存在をできる限り考慮することは，政策そのものの存在理由を明確にする意味で必要不可欠である。そのような外部性を市場経済における意思決定でいかに内部化すべきかを明らかにすることによって，現実の政策構想にも，十分意味のある提言ができるものと考える。

以下は，本書のモデル分析を特徴づける3つの要点である。

1. 簡潔な一般均衡モデル

環境経済学あるいは資源経済学において，消費者（家計）によって使用された製品が有用資源として再び利用されることを想定した理論分析は，近年の資源リサイクリングに対する社会的な注目度の高さ，およびその推進が急務であるという事情とは裏腹に，それほど多くはない。

資源の有限性について盛んに議論が交わされた1970年代に，当時流行であった動学的最適化モデルを使って資源および廃棄物の通時的な最適利用を論じる研究が相次いだが[10]，1980年代にはその反動もあってか，このような学術的な動きがほぼ完全に止まった[11]。

1990年代に入って，Dinan (1993)の時間を考慮した部分均衡モデルやFullerton and Kinnaman (1995)の「簡潔な」一般均衡モデルなどがきっかけとなり，廃棄物処理や資源リサイクリングが行われる状況下で効率的な資源配分を達成するためには，どのように課税あるいは補助を組み合わせるのが有効なのかについて，再び議論されるようになった[12]。その流れの中で，Porter (2002, 2004)は，Fullerton-Kinnaman モデルの政策的含意をいくつか端的に

---

10)　例えば，D'Arge (1972), D'Arge and Kogiku (1973), Mäler (1974), Schulze (1974), Weinstein and Zeckhauser (1974), Lusky (1975), Smith (1977), Hoel (1978)など。

11)　ただし，産業組織論において，耐久消費財の独占的な価格決定を論じる際に，競争的なリサイクリングの存在が明示されたことがある (Swan (1980), Martin (1982), Suslow (1986)など)。

12)　例えば，Palmer and Walls (1997, 1999), Fullerton and Wu (1998), Choe and Fraser (1999, 2001), Fullerton and Wolverton (1999, 2000), Walls and Palmer (2001)など。この研究分野のサーヴェイとしては Kinnaman and Fullerton (2000)を，主要な論文を編纂したものとしては Kinnaman (2003)を参照されたい。

図解し，複数の政策間で利点と欠点を比較しており，注目に値する。

本書で展開するモデル分析も，基本的にこの手法を継承するものである。Fullerton-Kinnaman モデルは資源の制約を考慮した一般均衡分析であるとはいえ，同種の分析に特有の，複雑な要素がかなり単純化されているため，分析者が想定する状況に合わせた応用が容易である。また，その構造の単純さゆえに，資源循環といった複雑な要素をモデルに組み込むことが可能である。本書のモデルは，最後の第7章の部分均衡モデルを除いては，Fullerton-Kinnaman モデルで示された枠組みに沿うものである。

II. リサイクリングに伴う外部性

一般に，使用済みの製品をリサイクルすることによって期待される環境面での便益は，「最終処分される廃棄物が少なくなる」，および「自然環境から新たに採掘される未使用資源が少なくなる」の2点に集約されよう。実際，過去のモデル分析はすべて，廃棄物の（不適正）処分量や未使用資源の利用量に応じた外部不経済（＝消費者による制御が不能な（限界）不効用）の関数を定義し，リサイクリングによってこれらの量が「間接的に」変化する，と仮定している。

ところが，現実的には，リサイクリングはれっきとした経済活動であり，周辺に「直接的な」影響を及ぼしうる。例えば，どのようなものを再資源化あるいは再生利用するにせよ，新たな資源およびエネルギーを投入せざるをえない。もちろん，資源をリサイクルしなければ必要だったであろう未使用資源そのものは節約されるだろうが，たいていの物質はリサイクリングによって品質が劣化するのを避けられないため，再度の利用に耐えうるよう，追加的な資源が必要である。

また逆に，アルミニウムのように，再生地金からアルミニウムを製造する場合，未使用資源である鉱石からそれを製造する場合の3％のエネルギーで済んでしまう，という物質も存在する。この場合は，単に未使用資源が節約された以上の便益が得られる，と考えるべきであろう。ちなみに，アルミニウムに限らず，資源のリサイクリングによって製造段階で節約されるエネルギーの量は，予想以上であると推測されている[13]。

このような資源およびエネルギーの保全の直接的な効果を認識することに加

えて，リサイクリングが廃棄物の減量に貢献するという「常識」についても，議論の余地があろう。

　早くから Baumol (1977)が懸念していたように，資源のリサイクリングが排出物のない，きわめてクリーンな活動であるという保証は，実はどこにもない。また，武田(2000a)が分離工学の立場から警告するように，リサイクリングを繰り返すことによって製品の中に毒物が蓄積し続ける，あるいはリサイクリングによって別の形態での廃棄物が増えてしまう，といった可能性を否定しえない。そのほかにも，廃棄物処理と資源リサイクリングの外部費用を計算し比較した研究成果が，1990年代から公表され始めている[14]。

　以上のような，リサイクリングに伴う環境面での「ありうる影響」を考慮すると，理論分析において，資源のリサイクル量に直接依存する外部性，およびそれを表す関数を仮定する方が，そうしないよりも妥当であると思われる。

　本書では，第1章と第3章のモデルにおいて，各種リサイクリングの促進によって消費者の効用が高まる，という仮定を置いている。その効果が消費者によって操作できない場合は，資源のリサイクリングに伴う「外部経済」が発生している状況である。

　逆に，もしリサイクリングによるこのような効果が効用を低めるならば，それは外部不経済と解釈される。本書の第4章と第5章では，リサイクリングから廃棄物が発生する状況をモデル化している。いずれの場合においても，外部性の内部化に有効な政策の数と組み合わせは，リサイクリングの外部性を考えないときに比べて増加する。

Ⅲ．引取料金と不法投棄の関係

　過去における外部性の内部化のモデル分析の中で，使用済み製品が不法投棄される可能性を明示したものはいくつかあるものの，当該製品が回収される際に支払わなければならない「引取料金」の存在を厳密に仮定したモデルを見い

---

13)　Ruston and Denison (1996)。

14)　例えば，Craighill and Powell (1996)，Powell *et al.* (1996)など。また，植田(1992)，鷲田 (1995)，Ackerman (1997)の議論も参照されたい。この種の実証研究のサーヴェイとしては，Kinnaman and Fullerton (2000)や Lah (2002)が有益である。

だすのは難しい[15]。

　例外的に，Fullerton and Kinnaman (1995)のモデルでは，家計が生産者にリサイクルする資源の量に対して価格を設定しており，これが正であれば，この価格を引取料金と解釈することができる[16]。しかし，リサイクル資源が（常に）正の限界生産物をもつと仮定しているので，この価格は負でなければならない。つまり，リサイクリングは家計にとっての収入源ということになり，結果的に「引取料金」とよぶべきものは不要である。

　わが国の資源リサイクリングの法制度において，リサイクリングに要する諸費用の負担（＝支払い）方法は，製品や業種によりそれぞれ異なる。例えば，「家電リサイクル法」[17]は，消費者および事業者が使用済みの家電製品を排出する際に，「引取料金」[18]を支払うしくみを採用している。また，2003年10月1日より，使用済みの家庭系パソコンがメーカーによって有償で回収されるようになったが，これは「資源の有効な利用の促進に関する法律」[19]に基づく取り組みであり，この制度が始まる以前に販売されたパソコンの引き取りについては，その排出時に「回収再資源化料金」[20]を支払わなければならない。他方，「自動

---

15) 例えば，不法投棄を先駆的に明示したCopeland (1991)のモデルでは，企業による合法的な処理の単位費用が不法投棄の単位費用より高いことを前提として，合法処理を行うときにその量に対して課税される一方，投棄してそれが見つかった場合は（期待）罰金を支払わなければならない，と仮定されている。そして，合法処理への最適な課税率は，不法投棄の可能性がないときの課税率に比べて低くなりうることが示されている。このCopelandモデルは，引取料金の存在を仮定していない。

16) Fullerton-Kinnamanのモデルは，家計が希少資源である時間を費やして不法投棄を行うと仮定しており，その総投棄量によって不効用を被るという理由から，投棄量への直接の課税が必要である，と結論している。また，たとえそのような課税ができなくても，それ以外の変数である生産物と生産要素に対して適切な課税や補助を組み合わせることによって，これと同等の結果を得る。

17) 1998年6月5日公布（法律第97号），2001年4月1日完全施行。再商品化の対象は，エアコン，テレビ，洗濯機，冷蔵庫，冷凍庫（2004年度より追加）である。

18) この料金には，使用済み製品の収集運搬の費用と，再商品化等の費用が含まれている。

19) 2001年4月1日全面改正施行（法律第113号）。パソコンはこの法律において，「リデュース配慮設計」，「リユース配慮設計」，「リサイクル配慮設計」の対象品目に指定されている。なお，事業系パソコンについては，すでに2001年4月から，メーカーによる回収とリサイクルが行われている。

20) この料金には回収のための物流費用が含まれているため，パソコンを郵送する際の料金を別途支払う必要はない。この家庭系パソコンの回収は，「エコゆうパック」を活用した共通回収スキームで行われている（有限責任中間法人パソコン3R推進センター〔http://www.pc3r.jp/index.html〕）。

車リサイクル法」[21]の下で，自動車の所有者は，原則として新車を購入する際に「リサイクル料金」[22]を支払う。

使用済みの家電製品やパソコンの排出時点でその引取料金を徴収する「後払い方式」は，自動車リサイクリングに適用されている「前払い方式」に比べて，料金の支払いを回避するための不法投棄を助長していると見なされている。したがって，そのような資源の循環を理論モデルで表現する際に，消費者が使用済み製品の排出時に引取料金を支払うものと仮定するのは，ごく自然のことであろう。

本書の第3部（＝第5章，第6章，第7章）において，不法投棄とともに引取料金の存在を仮定した経済モデルを検討する。その結果，引取料金が，外部性を内部化するために必要な政策と密接に結びついていることが明らかにされる。

本書の分析は，7つの理論モデルによって構成されている。以下では，各モデルの想定と政策的含意をごく簡単に記す。

まず，**第1部の基本的なモデル**では，「資源利用モデル」と「排出抑制モデル」を取り上げる。これらのモデル分析では，特定の経済活動から生じる外部性を内部化するのに必要な政策の組み合わせを導出し，整理する。

第1章の資源利用モデルでは，自然環境から採掘される資源の利用，消費者が使用した製品のリサイクリング，およびその後の最終処分を仮定している。これらの活動に起因する外部性を内部化するためには，分権的な意思決定において，課税と補助を適宜組み合わせることが必要である。その課税率と補助率を決定する際に，政策当局は，製品に関する生産要素と生産物の関係，生産要素間の関係，そして資源採掘および廃棄物処理における技術的関係の情報を知る必要がある。

第2章の排出抑制モデルでは，消費者と生産者が個別に廃棄物の排出抑制を

---

21) 2002年7月12日公布（法律第87号）。
22) この料金には，シュレッダーダスト（＝自動車破砕残渣）の再資源化費用，エアバッグ類（＝指定回収物品）の再資源化費用，フロン類の破壊費用が含まれている。

しうる状況下で，最終処分される廃棄物に量的規制がかかっていることを想定している。4つに分類されたいずれの状況においても，廃棄物の処分に伴う限界不効用と，排出規制下での同廃棄物の潜在価格との大小関係が重要である。なぜなら，どちらが大きいかによって，政策当局が課税と補助のどちらを必要とするのかが逆になるからである。このことは，単に排出規制を課すだけでは，外部性を内部化するのに不十分であることをも示唆している。

　続いて，**第2部の政策の選択**では，「循環資源モデル」と「容器利用モデル」を展開する。両モデル分析では，外部性を内部化するための政策候補が多数現れることから，いくつかの判断基準を示した上で，それらに符合する組み合わせを選抜していく。

　第3章の循環資源モデルでは，消費者，生産者，再資源化業者の間を資源が循環することを念頭に置いている。その結果，外部性を内部化するのに有効な「課税・補助ルール」は，実に27通りに及ぶ。この中から，3つの経済主体のうち2つのみを対象とする政策，各経済主体が支払う税の総額の符号が明らかな政策，そして，経済の「動脈側」と「静脈側」に対する簡明な政策を選び出し，最終的に4つの課税・補助ルールを得る。興味深いことに，これらのルールは互いに連関しており，政策当局はその使い分けが可能である。

　第4章の容器利用モデルでは，製品の容器を循環資源の例として，消費者，容器利用業者，容器製造業者の間での，やや複雑な流れを考えている。ただし，これまでとは違い，各種労働への課税や補助はできないものと仮定している。このとき，廃棄物の処分に伴う外部不経済を内部化するための政策の組み合わせは，計5通りである。加えて，市場取引に携わる経済主体の双方が潜在的な税支払者であると見なすことによって，政策当局が利用できる政策の組み合わせは，5通りから11通りに拡張される。

　さらに，**第3部の引取料金と不法投棄**では，「引取料金モデル」，「投棄隠蔽モデル」，「部分均衡モデル」をそれぞれ提示する。いずれのモデル設定においても，引取料金の存在を明確に仮定している。

　第5章の引取料金モデルでは，家電リサイクリングを念頭に，消費者，小売

業者，製造業者の間で家電製品が流通する状況を想定している。料金制度の存在により，消費者が家電製品を購入する際の課税率と，廃家電製品の不法投棄に対する罰金率との間に，一種のトレードオフが生じる。つまり，前者をゼロとした場合に，後者は最大としなければならない。他方，廃家電製品の引取料金と収集運搬費用が存在することから，政策当局は当該罰金率をゼロとすることはできない。したがって，現実的には，両方の政策が必要である。

　第6章の投棄隠蔽モデルは，前章のモデルに比べて構造を単純にしてあるが，消費者が使用済み製品を投棄し，かつそれを隠蔽する活動を追加している。消費者による隠蔽が行われないとき，政策当局は不法投棄への罰金と「見かけ」の投棄への課税のどちらかを設定すればよいが，隠蔽が行われる場合は両方の政策が必要となる。さらに，両政策間に現実的な仮定を置くと，それらのとりうる範囲が限定される。また，投棄の隠蔽の有無にかかわらず，任意の引取料金率に対して，それとトレードオフの製品課税率を設定する必要がある。

　第7章の部分均衡モデルは，これまでのモデルとは違い，引取料金等や処理責任に関するパラメータが変化したときの不法投棄等に与える数量的な効果を明らかにしている。効用関数の交差偏導関数が非負ならば，引取料金の上昇に伴い，廃家電製品の引取量は減少する。また，不法投棄量が所得の増加によって減少するならば，引取料金の上昇は投棄を促進する。これは，政策当局にとって厄介な問題である。一方，排出抑制を強化すると，排出量と不法投棄量が等しく減少することから，排出抑制が明確な減量効果をもつといえる。

　最後に，本書を締めくくる終章では，以上のモデル分析の要点と得られた含意をあらためて整理するとともに，今後検討されるべきいくつかの研究課題を挙げる。

第1部　基本的なモデル

第1章　資源利用と廃棄物処理のモデル[1]

1-1　はじめに

　本章では，自然環境から採掘される資源の利用，消費者が使用した製品のリサイクリング（＝再資源化・再生利用）および最終処分を考慮した「資源利用モデル」を提示し，これらの経済活動が外部性を生じる場合に，政策当局はどのような種類の経済的手法（＝課税と補助）[2]を設定すればいいのかを検討する。この資源利用モデルは，Fullerton and Kinnaman (1995)を一般化したKoide (2000)のモデルを，さらに拡張したものである。以下では，自然環境から採掘される資源を未使用資源，いったん使用された製品を再度利用可能にした資源を再生資源とよぶ。

　資源利用モデルでは，製品の消費者および生産者，資源採掘業者，廃棄物処理業者の経済活動を仮定する。また，その活動に伴って，3種類の外部性が発生すると想定する。具体的には，未使用資源の採掘（および利用），使用済みの製品のリサイクリング，およびその最終処分に関わる外部性である。そして，それらの外部性を市場経済での意思決定に内部化する課税や補助の数は，理論的には外部性と同じ数，すなわち3種類必要である。

　しかし，本章のモデル分析から導かれる経済的手法は，より多彩である。すなわち，製品に関する生産要素と生産物の関係，生産要素間の関係，あるいは資源採掘および廃棄物処理での技術的関係から，課税と補助の組み合わせは10

1）　初出：「外部性をもつ資源利用，及び廃棄物処理の一般均衡分析」，細江守紀・藤田敏之編著『環境経済学のフロンティア』勁草書房，139-163頁，2002年10月。

2）　以下，本書でたびたび言及する経済的手法を，単純に課徴金と補助金の2種類に限定する。したがって，本書において，経済的手法と「課税と補助」は同義である。経済的手法の一般的な分類については，例えばOECD (1997)を参照されたい。

通りに及ぶ。その内訳は，資源利用に関する2種類の外部性を内部化する組み合わせが5通り，廃棄物の最終処分に関する外部性を内部化する組み合わせが2通りである[3]。

本章の分析で得られる含意を，あらかじめ列挙しておく。

第1に，消費者が使用する製品を非課税とするならば，最少の経済的手法で外部性を内部化できる。

第2に，製品へ補助するならば労働へ課税，逆に，製品へ課税するならば労働へ補助すべきである。つまり，製品課徴金のみでは，外部性の内部化には不十分である。

第3に，資源利用の外部性と最終処分の外部性は，それぞれ個別の経済的手法でしか内部化できない。言い換えれば，1種類の課税ないし補助によって両方の外部性を内部化することは不可能である。

第4に，それまでの想定とは逆に，資源の節約が外部不経済を及ぼす場合，消費財を非課税にするならば，ほかは課税のみで構成される。またそのとき，製品に課税するならば労働には補助すべきであり，残る1つの経済的手法は資源の限界生産物および限界不効用の大きさによって，課税か補助かが決定される。

1－2　モ デ ル

本節でまず，資源利用モデルを構成する諸仮定を説明する。図1－1は，このモデルの概略を示したものである。

このモデル経済における本源的生産要素は労働であり，それは代表的消費者の利用可能な時間 X から供給されるものとする。なお，単純化のため，同消費者は1人であるとしよう[4]。消費者が供給する労働は，消費財である製品の

3）　経済政策の分野で有名な「Tinbergen の定理」によると，独立した政策目標が n 個存在する場合，これらを同時に達成するためには，少なくとも n 個の独立した政策手段が必要である（Tinbergen (1952)）。本書で得られる政策的含意も，すべてこの定理に適うものである。なお，同定理の理論的妥当性をめぐる議論を的確に整理したものとして，Wohltmann (1981)を参照されたい。

4）　本章のモデルは他の章のモデルとは違い，消費者以外の経済主体の数を一般化している一方で，

第1章 資源利用と廃棄物処理のモデル　　　　　　　　17

図1－1　資源利用モデルの概略

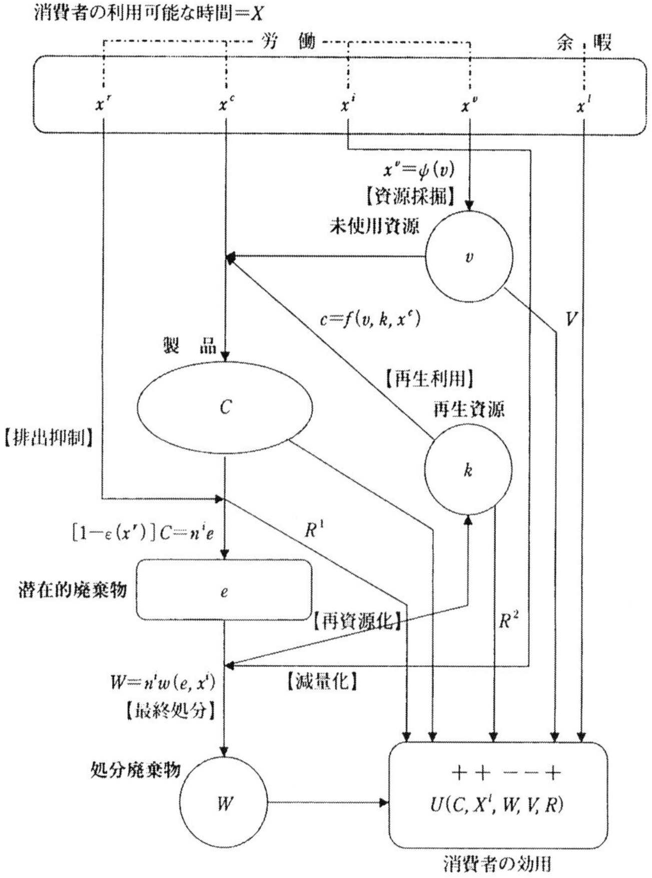

消費者の利用可能な時間＝X

労　働　　　　　　　　　　　余　暇

x^r　　　x^c　　　x^i　　　x^v　　　x^l

$x^v = \psi(v)$
【資源採掘】
未使用資源
v

$c = f(v, k, x^c)$
V

製　品
C
【再生利用】
再生資源

【排出抑制】
k

$[1-\varepsilon(x^r)]C = n^i e$　　R^1

潜在的廃棄物
e
【再資源化】
R^2

$W = n^l w(e, x^l)$　　【減量化】
【最終処分】

処分廃棄物
W
＋＋－－＋
$U(C, X^l, W, V, R)$
消費者の効用

生産に x^c，潜在的廃棄物の処理に x^i，および資源の採掘に x^v だけ，それぞれ投入される。また，消費者は，使用済みの製品の排出を自ら抑制できるものとし，その場合，労働時間とは別に時間 x^r を費やさなければならないと仮定する。それ以外の時間は，余暇時間 x^l にあてられる。

───────────────────

消費者の数は単純に1と仮定している。したがって，効用関数および関連する変数に，一部大文字を用いている。

消費者が使用する製品は１種類であり，その生産量を c と表す。同製品の生産者はこれを，未使用資源 v，再生資源 k，および労働 x^c を投入することによって生産する。すなわち，製品の生産関数を，$c \equiv f(v, k, x^c)$ と定義する。ここで，f は，各投入量に関して収穫逓減的な増加関数であり[5]，かつ交差偏導関数はいずれもゼロであると仮定する[6]。生産要素である未使用資源は同資源の採掘業者によって，また，再生資源は廃棄物処理業者による再資源化によって，それぞれ供給される[7]。

製品市場の需給均衡式は，$C = n^c c$ で表されるものとする。ここで，C は消費者による製品の（総）需要量，n^c は同製品の生産者の数である。

さて，使用された製品は，消費者による排出抑制を経て，潜在的廃棄物 E として廃棄物処理業者に引き取られる。同処理業者は労働 x^i を投入することによって，最終的に廃棄処分する量，すなわち最終処分量 w を減らすことができる。一方，潜在的廃棄物のうち，最終処分されなかった分は再資源化されて，再び生産要素として利用される。

ここで，潜在的廃棄物の量を，$E \equiv [1 - \varepsilon(x^r)]C = n^i e$ と定義しよう。なお，x^r は使用済み製品の排出抑制に費やされる時間，$\varepsilon(x^r) \in [0, 1)$ は排出抑制率，n^i は廃棄物処理業者の数，e は各業者の処理量である。排出抑制率は，投入される時間に関する逓減的な増加関数，すなわち $\varepsilon' > 0$，$\varepsilon'' < 0$ であると仮定する。また，$1 - \varepsilon$ を排出率とよぶ。さらに，消費者が排出抑制した量を，$R^1 \equiv \varepsilon(x^r)C$ と定義する。

消費者からの潜在的廃棄物を引き取った処理業者はそれぞれ，同廃棄物 e と労働 x^i を投入し，最終処分量 w を決定する。処分される廃棄物の総量を W とし，この関係を，$W \equiv n^i w = n^i w(e, x^i)$ と定義しよう。かつ，e が増加するにつれて w が増加する一方で，x^i が増加すると w は減少するものとする[8]。

他方，廃棄物処理業者によって最終処分されなかった分は，再生資源として

---

5)　すなわち，$i = v, k, x^c$ について，それぞれ $f_i > 0$，$f_{ii} < 0$ である。
6)　本書を通じて，特に言及する場合を除き，すべての多変数関数についてこの単純化を採用する。
7)　なお，再資源化を別の経済主体が行うと仮定しても，分析の結果に何ら影響はない。
8)　すなわち，$w_e > 0$，$w_x < 0$ である。また，２階偏導関数について，$w_{ee} > 0$，$w_{xx} > 0$ を仮定する。

第1章 資源利用と廃棄物処理のモデル　　　19

利用される。つまり，再生資源の総量 R^2 は，潜在的廃棄物の総量から最終処分された総量を差し引いた量に等しい。すなわち，$R^2 \equiv n^c k = n^i e - W = n^i [e - w(e, x^i)]$ である。

　続いて，このモデルにおける資源の採掘に関して，次のように仮定しよう。資源採掘業者は，労働 $\tilde{x}^v$ を投入することによって，自然環境から資源 $\tilde{v}$ を採掘する[9]。両者の関係を，$\tilde{x}^v \equiv \psi(\tilde{v})$ と仮定する。ただし，$\psi' > 0, \psi'' > 0$ であるとする[10]。

　同資源の採掘業者の数を n^v とすると，未使用資源市場および採掘労働市場において，それぞれ $n^c v = n^v \tilde{v}, n^v \tilde{x}^v = \hat{x}^v$ という需給均衡式が成立する[11]。これらの式より，消費者の採掘労働への供給量 $\hat{x}^v = n^v \psi(\tilde{v}) = n^v \psi(n^c v / n^v)$ が得られる。加えて，未使用資源の総採掘量（＝総利用量）を，$V \equiv n^c v$ とする。

　前述のように，このモデル経済において利用できる生産要素の総量 X は，代表的消費者の供給する各種労働時間，使用済み製品の排出抑制に費やす時間，および余暇時間を足し合わせたものに等しいと仮定する。したがって，この消費者が直面する時間制約である $X = \hat{x}^c + \hat{x}^r + \hat{x}^i + \hat{x}^v + \hat{x}^l = n^c x^c + x^r + n^i x^i + n^v \psi(n^c v / n^v) + x^l$ を，そのまま経済全体の資源制約と見なすことができる。

　本章の資源利用モデルにおける最後の仮定として，代表的消費者の効用関数を $U \equiv U(C, X^l, W, V, R) = U(C, x^l, n^i w(e, x^i), n^c v, \varepsilon(x^r)C + n^c k)$ と定義する。ここで，R は最終処分されなかった資源の総量であり，（総）資源節約量とよぶことにする。これは，消費者が排出抑制した量 $R^1 \equiv \varepsilon(x^r)C$ と，再生利用された資源の量 $R^2 \equiv n^c k$ の和である。また，効用を構成する各変数の偏導関数に関して，$U_C > 0, U_X > 0, U_W < 0, U_V < 0, U_R > 0$ であると仮定する。つまり，消費者は製品の使用と余暇から効用を得るが，廃棄物の最終処分および未使用資源の利用からは不効用を被る。他方，自らによる使用済み製品の排出抑制，あるいは生産者による再生利用からは効用を得る[12]。

9）　ティルダは，同資源の採掘業者が選択する変数であることを意味する。

10）　ψ は逆生産関数なので，2階導関数を正とすれば，限界生産物の逓減性を仮定することになる。

11）　ハットは，消費者が選択する変数であることを意味する。

12）　かつ，2階偏導関数についてはすべて負，すなわち $U_{CC} < 0, U_{XX} < 0, U_{WW} < 0, U_{VV} < 0, U_{RR} < 0$ を仮定する。

1－3 パレート最適

前節で示した諸仮定をもとに，本節では，代表的消費者の効用の制約付き最大化問題を解くことによって，パレート最適条件を導出する。

まず，ラグランジュ関数 L を，次のように定義する。

$$
\begin{aligned}
L \equiv\ & U(C, x^l, n^i w(e, x^i), n^c v, \varepsilon(x^r) C + n^c k) \\
& + \lambda [n^c f(v, k, x^c) - C] \\
& + \mu [[1 - \varepsilon(x^r)] C - n^i e] \\
& + \eta [n^i [e - w(e, x^i)] - n^c k] \\
& + \sigma [X - n^c x^c - x^r - n^i x^i - n^v \psi(n^c v / n^v) - x^l].
\end{aligned}
\tag{1-1}
$$

ここで，$\lambda, \mu, \eta, \sigma$ は，それぞれの制約式に関するラグランジュ乗数（＝潜在価格）である。以下では議論を単純化するため，すべての変数に関して内点解を仮定し，かつ制約式はすべて等号で成立すると仮定する[13]。

この消費者の効用最大化の 1 階条件は，以下の通りである。

$$
U_C + \varepsilon U_R = \lambda - \mu(1 - \varepsilon), \tag{1-2}
$$

$$
U_X = \sigma, \tag{1-3}
$$

$$
w_e U_W = \mu - \eta(1 - w_e), \tag{1-4}
$$

$$
w_x U_W = \eta w_x + \sigma, \tag{1-5}
$$

$$
U_V + \lambda f_v = \sigma \psi', \tag{1-6}
$$

$$
\varepsilon' C U_R = \mu \varepsilon' C + \sigma, \tag{1-7}
$$

$$
U_R + \lambda f_k = \eta, \tag{1-8}
$$

$$
\lambda f_x = \sigma, \tag{1-9}
$$

$$
\tilde{x}^v = \psi' \tilde{v}, \tag{1-10}
$$

$$
n^c c = C, \tag{1-11}
$$

$$
(1 - \varepsilon) C = n^i e, \tag{1-12}
$$

---

13) 本書を通じて，特に言及する場合を除いては，内点解の存在と制約の拘束性を常に想定する。特に，等号を仮定する制約式は，第 2 章以降では 1 階条件として表記を反復しないことにする。

第1章 資源利用と廃棄物処理のモデル　　21

$$n^i(e-w) = n^c k, \tag{1-13}$$

$$X = n^c x^c + x^r + n^i x^i + n^v \psi(n^c v/n^v) + x^l. \tag{1-14}$$

なお，前述の関数形の仮定から，最大化の2階条件は満たされている[14]。

以下では，導出されたパレート最適条件を組み合わせることによって，その性質を明らかにする。

まず，(1-7)式と(1-8)式より，パレート最適での資源節約の限界効用 U_R は，次の範囲内にあることがわかる。

$$\mu \leq U_R \leq \eta. \tag{1-15}$$

すなわち，潜在的廃棄物の潜在価格 μ を下限，再生資源の潜在価格 η を上限とする範囲内に，資源節約に伴う限界効用の最適値が存在する。

また，(1-2)式，(1-3)式，(1-8)式，(1-9)式より，消費者の余暇に対する製品の限界代替率について，次の条件を得る。

$$\frac{U_C}{U_X} = \frac{1}{f_x} + \frac{dx^r}{dC}\bigg|_{\bar{E}} - \frac{U_R}{U_X}, \tag{1-16}$$

ただし，

$$\frac{dx^r}{dC}\bigg|_{\bar{E}} \equiv \frac{1-\varepsilon}{\varepsilon' C} > 0 \tag{1-17}$$

である。

(1-16)式の右辺第1項は労働の限界生産物の逆数，第2項は C に対する x^r の技術的限界代替率，そして第3項は，余暇に対する資源節約の限界代替率（＝負値）である。ただし，(1-16)式第2項は(1-17)式に示すように，製品の使用量が1単位増加するとき，潜在的廃棄物の排出量を一定に保つために消費者が必要とする追加的時間である[15]。

一方，(1-2)式，(1-3)式，(1-4)式，(1-5)式，(1-9)式を用いると，上記の限界代替率を次のような形でも表現できる。

---

14)　本書を通じて，これが常にいえるように関数の仮定を置いている。
15)　一種の廃棄物の減量技術を表していることから，「技術的」という言葉を定義に冠している。

$$\frac{U_c}{U_X} = \frac{1}{f_x} + (1-\varepsilon)\frac{dx^i}{de}\Big|_{\bar{R}^i} - \frac{(1-\varepsilon)U_W + \varepsilon U_R}{U_X}, \tag{1-18}$$

ただし,

$$\frac{dx^i}{de}\Big|_{\bar{R}^i} \equiv \frac{1-w_e}{w_x} < 0 \tag{1-19}$$

である。

　(1-18)式の右辺第1項は労働の限界生産物の逆数,第2項は e に対する x^i の技術的限界代替率に消費者の排出率 $1-\varepsilon$ を掛けたもの（＝負値）である。そして第3項は,廃棄物の最終処分による限界不効用および資源節約による限界効用に,それぞれの寄与度（＝排出率および排出抑制率）でウェイト付けした上で,労働価値によって評価したものである。これは,正負どちらの値もとりうる。なお,(1-18)式第2項は(1-19)式に示すように,潜在的廃棄物が1単位増加するとき,生み出される再生資源の量を一定に保つために廃棄物処理業者が「節約」しなければならない労働量である。

　次に,製品の生産と,その他の経済活動（＝資源採掘,廃棄物処理）との関係を見る。(1-3)式,(1-6)式,(1-9)式,および $U_v < 0$ より,労働に対する未使用資源の技術的限界代替率について,次の関係を得る。

$$-\frac{dv}{dx^c}\Big|_{\bar{c}} \equiv \frac{f_x}{f_v} < \frac{1}{\psi'}. \tag{1-20}$$

すなわち,パレート最適において未使用資源の利用に伴う限界効用が負であるとき,労働に対する同資源の技術的限界代替率は,採掘段階での労働の限界生産物 $1/\psi'$ を下回る[16]。

　一方,(1-3)式,(1-5)式,(1-8)式,(1-9)式,および $U_R - U_W > 0$ より,労働に対する再生資源の技術的限界代替率について,次の不等式を得る。

$$-\frac{dk}{dx^c}\Big|_{\bar{c}} \equiv \frac{f_x}{f_k} > -w_x. \tag{1-21}$$

---

16)　その限界不効用がゼロであれば,両者は一致する。

つまり，労働に対する再生資源の技術的限界代替率は，労働を投入することによる廃棄物の限界削減（の絶対値）を上回る。資源節約による限界効用と最終処分による限界不効用がどちらもゼロでない限り，この大小関係は維持される。

最後に，(1-20)式と(1-21)式より，

$$-\frac{dv}{dk}\bigg|_{z} \equiv \frac{f_k}{f_v} < \frac{1/\psi'}{-w_x} \tag{1-22}$$

という式を得る。すなわち，再生資源に対する未使用資源の技術的限界代替率は，廃棄物の限界削減（の絶対値）と採掘の限界生産物の比よりも小さい。

1 － 4 　競争均衡

本節では，分権的経済における各経済主体の意思決定を考え，それぞれが直面する制約付きの利潤最大化問題あるいは効用最大化問題を解くことによって，競争均衡条件を求める。

まず，このモデル経済の市場はいずれも完全競争的であり，したがって市場価格を所与として，各経済主体は意思決定を行うものと仮定する。また，そのとき消費者は，廃棄物の最終処分，未使用資源の利用，および再生資源の利用に関して，自分の効用への影響を考慮することができないと仮定する[17]。それゆえ，これらの行為は消費者にとって，外部性をもつことになる。

以下では，製品の生産者，廃棄物処理業者，資源採掘業者，消費者の順に，それぞれが解くべき問題を示し，競争均衡条件を導出する。その際にあらかじめ，前述の外部性を各経済主体の意思決定に内部化する手段（の候補）を設定する政策当局は，最多で9つの課税率を設定できるものとしよう[18]。結果的には，そのうちの1つは不要であり，しかも組み合わせによっては，最少で3つの経済的手法で外部性を内部化できることが示される。

まず，製品生産者の制約付き利潤関数を，

---

17)　ただし，使用済み製品の自らによる排出抑制からは，効用を得るものとする。
18)　その値が負ならば補助率であり，ゼロならば非課税である。この想定は，以下本書で全般的に利用する。なお，政策当局自身の意思決定問題（例えば税収と支出の均衡）は捨象する。

$$\pi^c \equiv (p^c - t^c)\,c - (p^v + t^v)\,v - (p^k + t^k)\,k$$
$$- (p^x + t^{xc})\,x^c + \lambda^x[f(v,k,x^c) - c] \tag{1-23}$$

と定義する。ここで，p^cは製品 c の市場価格，t^cは同製品に対する課税率，p^vは未使用資源 v の市場価格，t^vは同資源に対する課税率，p^kは再生資源 k の市場価格，t^kは同資源に対する課税率，p^xは労働 x^cの賃金率，t^{xc}は同労働に対する課税率である。また，λ^xは，生産関数に関するラグランジュ乗数である[19]。

　この利潤最大化問題の1階条件は，以下の通りである。なお，いずれの変数も内点解をもち，制約式はすべて等号で成立するものと仮定している。

$$p^c = t^c + \lambda^x, \tag{1-24}$$
$$p^v = -t^v + \lambda^x f_v, \tag{1-25}$$
$$p^k = -t^k + \lambda^x f_k, \tag{1-26}$$
$$p^x = -t^{xc} + \lambda^x f_x, \tag{1-27}$$
$$f(v,k,x^c) - c = 0. \tag{1-28}$$

　また，廃棄物処理業者は，最終処分と再資源化の両方に従事するものと仮定しよう。同処理業者の制約付き利潤関数を，

$$\pi^i \equiv se - (p^x + t^{xi})\,x^i + p^k k - t^w w(e, x^i) + \eta^x[e - w(e, x^i) - k] \tag{1-29}$$

と定義する。ここで，s は消費者から排出される潜在的廃棄物1単位当たりの引取価格，t^{xi}は廃棄物削減のために投入される労働に対する課税率，t^wは最終処分量への課税率である。また，η^xは，物質収支式に関するラグランジュ乗数である[20]。

---

19)　本書の全般において，ラグランジュ関数およびその乗数に添えられる χ は，それらが完全競争市場における値であることを意味している。つまり，最適資源配分問題では添え字を付けない一方，主体的均衡問題では添え字 χ を付することによって，両問題のラグランジュ乗数つまり潜在価格を区別している。また，それ以外の解については，煩雑を避けるため，両問題で特に区別をしない。

20)　廃棄物処理業者にとっての収入源は，消費者からの潜在的廃棄物の引き取りと，製品生産者への再生資源の販売である。一方，労働賃金および最終処分に対する税金の支払いが，同処理業者にとっての出費である。

第1章 資源利用と廃棄物処理のモデル　　　25

この利潤最大化問題の1階条件は，以下の通りである。

$$s = t^w w_e - \eta^x (1 - w_e), \tag{1-30}$$

$$p^x = - t^{xi} - t^w w_x - \eta^x w_x, \tag{1-31}$$

$$p^k = \eta^x, \tag{1-32}$$

$$e - w(e, x^i) - k = 0. \tag{1-33}$$

さらに，資源採掘業者の利潤関数を，

$$\pi^v \equiv p^v \tilde{v} - (p^x + t^{xv}) \tilde{x}^v = p^v \tilde{v} - (p^x + t^{xv}) \psi(\tilde{v}) \tag{1-34}$$

と定義する。なお，t^{xv} は，資源採掘のために投入される労働に対する課税率である。この利潤最大化の1階条件は，

$$p^v = (p^x + t^{xv}) \psi' \tag{1-35}$$

である。

　最後に，代表的消費者は，予算制約および物質収支の制約の下で，自己の効用を最大化するものと仮定する。この問題のラグランジュ関数を，次のように定義する。

$$\begin{aligned} L^x \equiv\ & U(C, x^i, \overline{W}, \overline{V}, \varepsilon(x^r) C + \overline{R}^2) \\ & + \sigma^x [p^x (X - x^i) - p^c C - (s + t^e) e - (p^x + t^{xr}) x^r] \\ & + \mu^x [[1 - \varepsilon(x^r)] C - e]. \end{aligned} \tag{1-36}$$

ここで，消費者にとって廃棄物の最終処分量，未使用資源および再生資源の利用量は所与であると仮定しており，それぞれの変数にバーを付してある。また，t^{xr} は，使用済み製品の排出を抑制するために要する時間への課税率，σ^x と μ^x はそれぞれ，予算制約式および物質収支式に関するラグランジュ乗数である。

　上記の制約付き効用最大化を解くことによって，以下の1階条件を得る。

$$U_C + \varepsilon U_R = \sigma^x p^c - \mu^x (1 - \varepsilon), \tag{1-37}$$

$$U_X = \sigma^x p^x, \tag{1-38}$$

$$\varepsilon' C U_R = \mu^x \varepsilon' C + \sigma^x (p^x + t^{xr}), \tag{1-39}$$

$$s = -\frac{\mu^x}{\sigma^x} - t^e, \tag{1-40}$$

$$p^x(X - x^l) - p^c C - (p^e + t^e) e - (p^x + t^{xr}) x^r = 0, \tag{1-41}$$

$$[1 - \varepsilon(x^r)] C - e = 0. \tag{1-42}$$

続いて，以下で経済的手法の組み合わせを議論するための準備として，これまでに導かれた競争均衡条件とパレート最適条件が一致するためのいくつかの前提条件を示しておく。まず，余暇に関する条件より，

$$p^x = \frac{\sigma}{\sigma^x} \tag{1-43}$$

を仮定する。また，製品の使用に関する条件より，

$$\mu^x = \mu, \tag{1-44}$$

および

$$\lambda^x = \frac{\lambda}{\sigma^x} - t^c \tag{1-45}$$

を仮定する。さらに，

$$\eta^x = \frac{\eta}{\sigma^x} \tag{1-46}$$

を仮定する。

1－5　最適な課税・補助の組み合わせ

本節では，廃棄物の最終処分，未使用資源および再生資源の利用に伴う外部性を内部化するための経済的手法の組み合わせを明らかにする。

上記のパレート最適条件と競争均衡条件をそれぞれ比較することによって，必要とされる課税率あるいは補助率が明らかとなる。ただし，(1-7)式と(1-39)式より，

$$t^{xr} = 0 \tag{1-47}$$

である。つまり，消費者が使用済み製品の排出抑制に費やす時間に課税する必要はない。この条件は，以下のいかなるケースにおいても成立する。したがって，この課税率については以後言及しない。

さて，残る経済的手法は8つであるが，これらに関しても，同時にすべてが必要というわけではない。以下ではまず，製品生産と資源採掘，すなわち経済の「上流」での経済的手法の組み合わせを示し，続いて廃棄物処理，すなわち経済の「下流」での同手法の組み合わせについて検討する。

表1－1は上流での経済的手法の組み合わせを，表1－2は下流での同手法の組み合わせを，それぞれ整理したものである。なお，最上段のアルファベットは，課税または補助の対象変数を端的に表現したものである[21]。

まず，製品生産と資源採掘に関するパレート最適条件と競争均衡条件を比較すると，両者が一致するためには，以下の3式が成立していなければならないことがわかる。

$$t^v + t^{xv}\psi' + t^c f_v = -\frac{U_V}{\sigma^x}, \tag{1-48}$$

$$t^h + t^c f_k = -\frac{U_R}{\sigma^x}, \tag{1-49}$$

$$t^{xc} + t^c f_x = 0. \tag{1-50}$$

これらの条件は，合計で5つの課税率を含んでいる。ただし，(1-50)式より，製品への課税率をゼロとするならば，その生産に投入される労働への課税率もゼロでなければならない。そのとき，残りの2つの式は，それぞれ次のように簡単化される。

$$t^v + t^{xv}\psi' = -\frac{U_V}{\sigma^x} > 0, \tag{1-51}$$

$$t^h = -\frac{U_R}{\sigma^x} < 0. \tag{1-52}$$

---

21) ただし後述の通り，x^cについては省略している。

28　　　　　　　　　　第1部　基本的なモデル

表1−1　経済的手法の組み合わせ(1)：上流

	VK	XK	VC	XC	KC
t^v	$-(U_V/\sigma^x)>0$	0	$(f_v/f_k)(U_R/\sigma^x)$ $-(U_V/\sigma^x)>0$	0	0
t^{xv}	0	$(-1/\psi')(U_V/\sigma^x)>0$	0	$(1/\psi')[(f_v/f_k)\times(U_R/\sigma^x)-(U_V/\sigma^x)]>0$	0
t^k	$-(U_R/\sigma^x)<0$	$-(U_R/\sigma^x)<0$	0	0	$(f_k/f_v)(U_V/\sigma^x)$ $-(U_R/\sigma^x)<0$
t^c	0	0	$(-1/f_k)(U_R/\sigma^x)<0$	$(-1/f_k)(U_R/\sigma^x)<0$	$(-1/f_v)(U_V/\sigma^x)>0$
t^{xc}	0	0	$(f_x/f_k)(U_R/\sigma^x)>0$	$(f_x/f_k)(U_R/\sigma^x)>0$	$(f_x/f_v)(U_V/\sigma^x)<0$

[注] t^v, t^k, t^c, t^{xc}は製品生産者へ，t^{xv}は資源採掘業者への課税率である。

表1−2　経済的手法の組み合わせ(2)：下流

	W	EX
t^w	$-(U_W/\sigma^x)>0$	0
t^v	0	$-w_c(U_W/\sigma^x)>0$
t^{xi}	0	$-w_x(U_W/\sigma^x)<0$

[注] t^w, t^{xi}は廃棄物処理業者へ，t^vは消費者への課税率である。

　(1-51)式は，未使用資源投入への課税率と，同資源の採掘への課税率に労働の限界生産物の逆数を掛けたものの和が，同資源の利用に伴う限界不効用の貨幣的価値（の絶対値）に等しくなければならないことを意味する。すなわち，未使用資源の投入と採掘のどちらかに「課税」すればよい。一方，(1-52)式は，再生資源の投入に対して，それによる資源節約の限界効用の貨幣的価値に等しい額を「補助」すればよいことを表している。

　以下では，この上流での経済的手法の組み合わせに関して，[1] 製品が非課税のケース，[2] 再生資源が非課税のケース，[3] 未使用資源が非課税のケース，の3つに分けて説明する。

[1] 製品が非課税のケース

　表1−1のVK（第1列）とXK（第2列）は，製品（およびその生産に要

第 1 章　資源利用と廃棄物処理のモデル　　　29

する労働）が非課税のときの，課税と補助の組み合わせである。前者は未使用
資源投入への課税と再生資源投入への補助，後者は資源採掘への課税と再生資
源投入への補助から成る。

　特に VK は，外部性の原因の変数に直接課税あるいは補助するという，ピ
グー税とピグー補助金の原理にほかならない。すなわち，もし外部性を発生す
る経済活動量を政策当局が的確に把握できるならば，それに対して，その限界
的効果の貨幣額に等しい課税あるいは補助を行えばよい。しかも，その他の組
み合わせと比較して明らかであるように，これによって，最少の経済的手法で
外部性の内部化を達成できる。

[2] 再生資源が非課税のケース

　次に，製品も課税されうるという出発点に戻り，同生産に投入される再生資
源への課税率がゼロであるケースを考える。まず，(1-49)式より，

$$t^c = -\frac{1}{f_k}\frac{U_R}{\sigma^x} < 0 \tag{1-53}$$

を得る。すなわち，当該製品に対しては，再生資源を利用することによる資源
節約の限界効用の貨幣的価値に，同資源の限界生産物の逆数を掛けた大きさに
等しい補助が必要である。

　次に，(1-53)式を(1-50)式に代入することにより，

$$t^{xc} = \frac{f_x}{f_k}\frac{U_R}{\sigma^x} = -\frac{dk}{dx^c}\bigg|_{\bar{c}}\frac{U_R}{\sigma^x} > 0 \tag{1-54}$$

が得られる。つまり，製品生産に投入される労働に対しては，資源節約の限界
効用の貨幣的価値に，労働に対する再生資源の技術的限界代替率を掛けた大き
さの課税を行う必要がある。さらに，(1-53)式を(1-48)式に代入することに
よって，未使用資源の投入あるいは採掘で必要な課税率がそれぞれ得られる。

　このときの課税と補助の組み合わせは，表 1 - 1 の VC（第 3 列）と XC
（第 4 列）に示されている。(1-50)式が示すように，製品に補助（課税）すれ
ば，必ずその生産労働には課税（補助）しなければならないため，労働を表す

記号を追加するまでもなく，Cのみを記してある。

同表の左側2列と比べて明らかなように，この場合，製品が非課税であるケースより1つ課税時点が多く，計3つの経済的手法を必要とする。また，課税率および補助率を計算するときの追加的な情報として，政策当局は各生産要素の限界生産物ならびに技術的限界代替率の最適値をも知る必要がある。

本章の資源利用モデルのように，製品の生産関数とその生産要素を仮定している場合，製品そのものに課税ないし補助するだけでは，外部性の内部化に不十分である。一般に，外部不経済が存在する状況において生産要素間での代替性を認めるならば，製品課徴金のみではなく，生産要素に対しても経済的手法が必要である[22]。したがって，生産要素の数が増えれば，それだけ課税あるいは補助の数，および必要な情報が増えることになる。

[3] 未使用資源が非課税のケース

最後に，未使用資源の投入および採掘への課税率がゼロの状況を考えよう。(1-48)式より，

$$t^c = -\frac{1}{f_v}\frac{U_V}{\sigma^x} > 0, \tag{1-55}$$

これを(1-49)式，(1-50)式にそれぞれ代入することによって，次の2式を得る。

$$t^k = \frac{f_k}{f_v}\frac{U_V}{\sigma^x} - \frac{U_R}{\sigma^x} = -\frac{dv}{dk}\bigg|_{\bar{r}}\frac{U_V}{\sigma^x} - \frac{U_R}{\sigma^x} < 0, \tag{1-56}$$

$$t^{xc} = \frac{f_x}{f_v}\frac{U_V}{\sigma^x} = -\frac{dv}{dx^c}\bigg|_{\bar{r}}\frac{U_V}{\sigma^x} < 0. \tag{1-57}$$

表1-1のKCの列が，未使用資源が非課税のときの唯一の組み合わせである。製品に対して課税する一方で，再生資源およびその労働投入には補助が必要である。また，再生資源が非課税のケースと同様に，課税率や補助率を計算するにあたって，生産技術に関する正しい情報が必要である。

---

22) Holtermann (1976)および Young (1977)。

第1章　資源利用と廃棄物処理のモデル　　　31

　続いて以下では，廃棄物の最終処分に伴う外部性を内部化するために必要な
経済的手法を導出する。表1-2に示されたように，経済の上流での議論とは
対照的に，下流で必要な経済的手法は2通りしかない。以下では，廃棄物の最
終処分量に課税するときと課税しないときのケースを，一括して説明する。
　潜在的廃棄物およびその削減に関するパレート最適条件と競争均衡条件をそ
れぞれ比較することによって，最終処分に伴う外部性を内部化するためには，
以下の関係が成立しなければならないことがわかる。

$$t^e + t^w w_e = -\frac{w_e U_w}{\sigma^x}, \tag{1-58}$$

$$t^{xi} + t^w w_x = -\frac{w_x U_w}{\sigma^x}. \tag{1-59}$$

最終処分量へ課税する場合は，その他の2つの課税率をゼロとすることで，上
の式のどちらからも，

$$t^w = -\frac{U_w}{\sigma^x} > 0 \tag{1-60}$$

を導くことができる。すなわち，表1-2のW（第1列）に示したように，最
終処分される廃棄物に対して，処分に伴う限界不効用の貨幣額（の絶対値）に
相当する税率を課せばよい。これはまさに，理論通りのピグー税である。
　ただし現実には，不法投棄される量を含め，政策当局が最終処分量を的確に
把握することは困難である状況が多い。たとえ何らかの方法で課税率を計算で
きたとしても，課税対象の数量が不明確であるならば，この政策は十分に機能
しえない。
　そこで，(1-58)式と(1-59)式において $t^w = 0$ とすると，(1-60)式と代替的な
経済的手法の組み合わせとして，

$$t^e = -\frac{w_e U_w}{\sigma^x} > 0, \tag{1-61}$$

$$t^{xi} = -\frac{w_x U_w}{\sigma^x} < 0 \tag{1-62}$$

を得る。つまり，消費者から廃棄物処理業者へと引き取られる潜在的廃棄物に対して課税する一方で，同処理業者がそれを削減するのに投入する労働に補助すればよい。すなわち，**表1−2**のEX（第2列）で示されているように，これは最終処分される前の段階で課税と補助を行う方法である。

　モデルの当初の仮定より，潜在的廃棄物が増えれば最終処分量も増えるので，その限界排出 w_e は正であり，したがって同廃棄物は課税の対象である。一方，労働投入量が増えると最終処分量は減るので，限界排出 w_x は負（＝正の限界削減）である。よって，労働は補助の対象である。

　政策当局にとって，消費者からの潜在的廃棄物の量とそれを削減するための労働時間を把握することは，最終処分される廃棄物の量を把握することよりも容易であると考えられる。しかも，廃棄物への課税が，その回避行為である不法投棄を増加させる懸念があるとき，事前の処理段階での課税と補助の組み合わせがそれを防止するのに有効であるだろう。

　最後に補足として，これまでの想定とは逆に，排出抑制や再資源化といった資源の節約行為によって外部不経済が発生するケース，つまり消費者が限界不効用を被るケース（$U_R < 0$）を示しておこう。

　表1−3は，経済の上流で外部性を内部化するのに必要な経済的手法の組み合わせを，正負の符号のみで表したものである[23]。また，＋／−は，課税か補助かが明らかでないものである。一方，廃棄物処理に関しては，**表1−2**と全く同じなので省略する。

　上の分析と同様に，製品を非課税にすると，それを生産するための労働も非課税となり，未使用資源と再生資源，または資源採掘の労働と再生資源にそれぞれ経済的手法を設定するだけでよい。ただしこの場合，どちらも課税のみで構成される（**表1−3**のVK′とXK′）。

　それ以外のケースでは常に，製品には課税が，そしてその生産への労働には補助が必要である（**表1−3**のVC′，XC′，KC′）。その一方で，残る1つの経済的手法は，パレート最適におけるそれぞれの資源の限界生産物と限界不効用の大小関係によって，課税か補助かが決定される。

---

23) 数学的表現は，表1−1と同じである。

第1章　資源利用と廃棄物処理のモデル　　33

表 1 − 3　　経済的手法の組み合わせ(3)：外部不経済の場合

	VK′	XK′	VC′	XC′	KC′
t^v	+	0	+／−	0	0
t^{xv}	0	+	0	+／−	0
t^k	+	+	0	0	+／−
t^c	0	0	+	+	+
t^{xc}	0	0	−	−	−

［注］ t^v, t^k, t^c, t^{xc}は製品生産者へ，t^{xv}は資源採掘業者への課税率である。

　つまり，もしパレート最適において，未使用資源に対する再生資源の技術的限界代替率がそれに伴う外部性の限界代替率より小さいならば，すなわち，

$$\frac{f_v}{f_k} < \frac{U_V}{U_R} \tag{1-63}$$

であるならば，未使用資源の投入または同資源の採掘には課税されるべきである。また同様に，(1-63)式が成立しているならば，再生資源の投入には補助されるべきである。

1 − 6　おわりに

　本章では，自然環境から採掘される資源の利用，使用済みの製品のリサイクリングおよび最終処分を考慮した資源利用モデルを使って，これらの経済活動が外部性を伴う場合に，政策当局はどのような種類の課税あるいは補助を実施すればいいのかを明らかにした。

　分析の結果，製品に関する生産要素と生産物の関係，生産要素間の関係，あるいは資源採掘および廃棄物処理での技術的な関係から，課税と補助の組み合わせは10通り存在することがわかった。

　以下は，本章のモデル分析から得られた政策的含意の要点である。

　（1）製品が非課税のとき，最少の経済的手法で外部性を内部化できる。
　（2）製品へ補助するならば労働へ課税，製品へ課税するならば労働へ補助

すべきである。

（3） 資源利用の外部性と最終処分の外部性は，それぞれ個別の経済的手法でしか内部化できない。

（4） 資源の節約行為が外部不経済をもたらす場合，消費財を非課税にするならば，ほかは課税のみで構成される。また，製品に課税するならば労働へは補助すべきであり，残る1つの経済的手法は資源の限界生産物および限界不効用の大きさによって，必要な政策が決まる。

なお，以上で示された課税と補助の組み合わせは，いずれも理論的効率性の点で無差別である。そのうち，政策当局がどれを選択すべきかに関しては，確たる合意が存在しない。したがって，複数の政策候補から「よりよい」ものを選び出すためには，何らかの判断基準を提示することが必要である。

これに関して，例えば OECD (1997)は，経済的手法を事後的に評価するために，7つの判断基準を提唱している[24]。また，Russell and Powell (1999)は，3つの静学的事柄と2つの動学的事柄を含む，12にも及ぶ判断基準を提示している[25]。ただし，これらはいずれも，統一的なモデル分析によって導かれているわけではない。また，これらの基準は，資源のリサイクリングが行われるような状況を想定していない。

他方，Koide (2002) では，部分均衡分析によって導かれた6通りの経済的手法の組み合わせを，資源配分の効率性，1企業当たりの支払税額，不法投棄の可能性，廃棄物の処分に対する観察可能性，リサイクリングに関する技術的情報の必要性，政策のわかりやすさ，という6つの判断基準を提案して，政策を順位付けしている。ただし，これもあくまで一例である。

このような，複数の政策候補のうちどういう合理性に基づいて選択すべきかについては，本書の第2部以降のモデル分析において，あらためて議論しよう。

その前に次章では，本章の資源利用モデルの想定を単純化したモデルを用い

---

24) その7つとは，環境面での効果，経済的効率性，実施および遵守に要する費用，税収，より広範な経済効果，技術革新に伴う動学的効果，人々の態度や意識の変化を通じた「ソフトな」効果，である (OECD (1997), pp.89-95)。

25) Russell and Powell (1999), pp.311-322。

て，製品の生産と廃棄物処分の両方に携わる生産者に対して「廃棄処分量の上限」が課された場合，はたしてそれだけで，処分に伴う外部性の内部化ができるかどうかを検討する。

第2章　排出抑制と排出規制のモデル[1]

2-1　はじめに

　本章では，最終処分される廃棄物に対する量的規制が分権的市場経済で設けられている「排出抑制モデル」を提示し，同廃棄物が外部不経済を生じる場合，その規制を補完するために政策当局はどのような課税あるいは補助を必要とするのかを明らかにする。このモデルでは，消費者と生産者が個別に，本源的生産要素である時間を用いて廃棄物の排出抑制を行うものと仮定する。前者が排出抑制した後のものを潜在的廃棄物，後者が排出抑制した後のものを処分廃棄物とよび，それぞれ区別する。

　わが国では2003年3月，「循環型社会形成推進基本法」に基づく「循環型社会形成推進基本計画」[2]が閣議決定され，取り組むべき目標の一つとして，一般廃棄物と産業廃棄物の減量化が明示された。具体的には，目標年次を平成22年度に設定し，「1人1日あたりに家庭から排出するごみの量（資源回収されるものを除く。）を平成12年度比で約20％減に，1日あたりに事務所から排出するごみの量（資源回収されるものを除く。）を平成12年度比で約20％減にすること」，および「産業廃棄物の最終処分量を平成2年度比で約75％減とすること」を目標としている[3]。

　この基本計画に続いて，2003年10月には新たな「廃棄物処理施設整備計画」

1）　初出："Double Waste Reduction under Standards,"『西南学院大学経済学論集』第39巻第3号，31-52頁，2005年1月。
2）　同計画の内容とその進捗状況の点検結果については，環境省の「循環型社会形成推進基本計画について」〔http://www.env.go.jp/recycle/circul/keikaku.html〕を参照されたい。
3）　循環型社会形成推進基本計画の第3章「循環型社会形成のための数値目標」第2節「取組指標に関する目標」の「2　廃棄物等の減量化」より引用。

第2章 排出抑制と排出規制のモデル　　　　37

が閣議決定され，ごみ処理に関して，3つの指標に基づく目標が示された。そ
れらは，平成19年度を目標年次として，(1)「ごみのリサイクル率」を4ポイ
ント上昇させること，(2)「ごみ減量処理率」を2ポイント上昇させること，
そして，(3)「一般廃棄物最終処分場の残余年数」を平成14年度の水準（14年
分）に維持すること，の3つである[4]。

　このような廃棄物の排出抑制を促進するための数値目標の設定は，個々の経
済主体の行動を直接規制するものではない。とはいえ，代表的な経済主体をマ
クロ的な存在に拡大して解釈するならば，このような数値目標を遵守する行動
は，廃棄物の処分量に対するある種の数量制約の下での最適化行動と見なすこ
とができよう。経済主体による廃棄物の排出抑制やリサイクリングは，その成
果の裏返しである最終処分の量に影響を与えるため，このような規制を市場経
済における前提としてモデル分析を行うことは，より現実的であり有意義であ
る。

　資源循環経済を前提とする過去の理論分析において，課税と補助の最適な組
み合わせを論じたものは数多いが[5]，最終的な廃棄物の排出規制を仮定し，そ
の中で複数の経済主体が排出抑制を行う，というモデル分析は，ほとんど見当
たらない。

　ただし，個別の要素を考慮した研究はいくつか存在する。まず，「資源のリ
サイクル率」（＝全資源投入量に占める再生資源量の割合）を遵守させること
を仮定したモデルとして，Palmer and Walls (1997) が挙げられる。その研
究結果によると，外部性が存在する状況下でこの "minimum recycled con-
tent standards" を実現するためには，非常に複雑な表現の課税率を，規制と
は別個に設定しなければならない[6]。本章で導入する規制はこれより単純なも
のであり，最終的に処分される廃棄物の量に上限を置く，という形式をとる[7]。

---

4) 環境省 (2003)。
5) 例えば Kinnaman and Fullerton (2000) の優れたサーヴェイや，過去の重要論文をまとめた
　　Kinnaman (2003) を参照されたい。
6) つまり，リサイクル率の規制だけでは，部分均衡分析でいうところの「社会的最適」を実現でき
　　ない (Palmer and Walls (1997) は部分均衡分析である)。したがって，追加的な課税あるいは
　　補助が必要である。この点は重要であり，より包括的なモデル設定で2種類の排出規制を取り入れ
　　た Walls and Palmer (2001) においても，同様の含意が得られている。

一方，排出規制は仮定されていないが，Choe and Fraser（2001）は簡単な
モデルにおいて，企業（＝生産者）による"source reduction"と家計（＝消
費者）による"waste reduction"を区別している。その結果，もし家計が排
出抑制しないならば，最適な政策は連続的なものとなる一方，もし家計が排出
抑制するならば，政策は一通りに決定される[8]。本章の排出抑制モデルも，そ
れとは異なる設定によって多様な結論を導く。

本章の分析から得られる政策の組み合わせを，前述のChoe and Fraser
（2001）での区別に則り，消費者および生産者が排出抑制をするか否かで，以
下のように分ける。

（1）ケースN：両者とも排出抑制しない。

（2）ケースC：消費者のみ排出抑制する。

（3）ケースP：生産者のみ排出抑制する。

（4）ケースD：両者とも排出抑制する。

これらすべてのケースにおいて，処分廃棄物に伴う限界不効用と，排出規制
下での同廃棄物の潜在価格との相対的な大きさが重要である。というのは，ど
ちらが大きいかによって，政策当局が課税と補助のどちらを必要とするのかが
逆転するからである。また，潜在的廃棄物の価格である「引取料金」がゼロ，
または非常に安いときに排出規制の拘束が外れるという特殊例を取り上げる。

あらかじめ，本章で導かれる含意を列挙しておく。

第1に，ケースNにおいて，唯一の課税または補助が必要とされるが，それ
がどちらなのかは，前述の限界不効用と潜在価格との相対的大きさに依存する。
政策当局は，潜在的廃棄物，製品，または製品生産のための労働のいずれかに，
政策を設けるべきである。

第2に，ケースCでは，潜在的廃棄物を政策対象にできるならば，そうすべ
きである。この点は，ケースNと同じである。もしそれができないならば，製

7）本書第5章では，Palmer and Walls（1997）およびWalls and Palmer（2001）とは違う形
　式の「リサイクル率の下限」規制を仮定し，経済的手法を課した場合と比べて，満たすべき内容が
　どのように違うのかを論じている。

8）Choe and Fraser（1999）はこのような排出抑制に加えて，家計による不法投棄の可能性をも
　取り入れている。この場合，より複雑な「次善の政策」の組み合わせが必要とされる。

品または労働への政策だけでなく，消費者による自主的な排出抑制に対しても課税あるいは補助が必要とされる。

第3に，ケースPは，ケースCとほぼ同様の政策の組み合わせから構成される。ただ，生産者による排出抑制労働に対しては，常に政策が必要である。

第4に，ケースDの含意は，第2と第3のケースを合成したものである。一見それらと似たような形をしているものの，個々の排出抑制行為には，それぞれの課税率に基づいた政策がなされなければならない。

2－2　モ デ ル

まず本節では，代表的な消費者と生産者から成るモデル経済の仮定を示す。図2－1は，モデルの流れを示したものである。

前章の資源利用モデルと同様に，代表的消費者は，利用可能な時間 X を本源的生産要素としてもつ。そのうち消費者は，生産者に対して，製品を生産するための労働 x^c と，排出抑制を行うための労働 x^{r2} とを供給する。残った時間は，使用済みの製品の排出を自主的に抑制する時間 x^{r1} に用いられるか，余暇 x^l に使われるかのどちらかである。以上の時間制約を，$X = x^l + x^{r1} + x^c + x^{r2}$ という等式で表現する。

続いて，いくつかの数学的仮定を導入する。まず，消費財である製品の量 c，その生産に要する労働 x^c との間に，関数関係 $c \equiv f(x^c)$ が成立しており，その限界生産物は逓減する，すなわち $f' > 0, f'' < 0$ であると仮定しよう。

また，製品が使用された後で排出される潜在的廃棄物を，$e \equiv e(c, x^{r1})$ とする。ここで，x^{r1} は前述したように，消費者が自主的に排出抑制する時間である。簡単化のため，同時間がそのまま排出抑制量に等しいものと仮定する[9]。この潜在的廃棄物は，製品の量が増えるにしたがって増加する一方，排出抑制によってこれを減少できると仮定する。つまり，e の偏導関数に関して，$e_c > 0, e_x < 0$ を仮定する[10]。

9）Choe and Fraser (1999) は，家計によるこのような排出抑制努力は，政策当局による観察および確認ができない一方，企業の同様の努力は監視が容易であると指摘している。したがって，Choe-Fraser モデルでは，家計の排出抑制に対する政策が除外されている。

40　　　　　　　　　　　第1部　基本的なモデル

図2－1　排出抑制モデルの概略

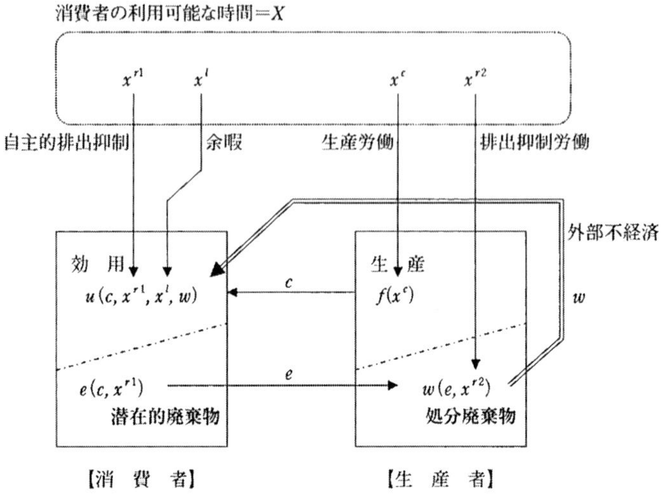

消費者の利用可能な時間＝X

x^{r1}　　x^l　　　　　x^c　　x^{r2}

自主的排出抑制　　余暇　　生産労働　　排出抑制労働

外部不経済

効　用
$u(c, x^{r1}, x^l, w)$　　　c　　　生　産
$f(x^c)$　　　w

$e(c, x^{r1})$　　　e　　　$w(e, x^{r2})$
潜在的廃棄物　　　　　処分廃棄物

【消　費　者】　　　　　【生　産　者】

　さらに，この潜在的廃棄物を受け取った生産者が最終的に処分する量を，$w \equiv w(e, x^{r2})$ と定義する。ここで，x^{r2}は，生産者側で排出抑制する時間（＝量）であり，雇用した労働に基づいて供給される。この処分廃棄物は，潜在的廃棄物が増えるにつれて増加する一方で，排出抑制によってこれを減量できるものと仮定する。つまり，w の偏導関数に関して，$w_e > 0$, $w_x < 0$を仮定する[11]。

　加えて，$e = 0$ のときは $w(0, x^{r2}) = 0$ であるとしよう。これは，一種の生産要素である潜在的廃棄物がなければ，それを処分しようがないことを意味している。

　最後に，代表的消費者の効用関数を，$u \equiv u(c, x^{r1}, x^l, w) = u(c, x^{r1}, x^l, w(e(c, x^{r1}), x^{r2}))$ という形で定義する。ただし，x^lは余暇時間である。また，同効用の各偏導関数について，$u_c > 0$, $u_{xr} < 0$, $u_{xl} > 0$, $u_w < 0$を仮定する[12]。すなわち，消費者は製品の使用と余暇からは効用を得るが，廃棄物の最終処分お

---

10)　かつ，この関数は凸，すなわち $e_{cc} > 0$, $e_{xx} > 0$であると仮定する。
11)　潜在的廃棄物と同様に，この関数の凸性，すなわち $w_{ee} > 0$, $w_{xx} > 0$を仮定する。
12)　ここでは例外的に，x^{r1}とx^lの限界効用を区別するため，各添え字に2文字を用いている。

第2章 排出抑制と排出規制のモデル　　　　41

よび自らの排出抑制からは不効用を得る[13]。

2－3　パレート最適

　前節の数理的仮定をもとにして，本節では，最適資源配分に関する代表的消費者の効用最大化問題を明示し，その解を特徴づけるパレート最適条件を導出する。

　解くべき問題は，次のラグランジュ関数で定義される。

$$L \equiv u(c, x^{r1}, x^{l}, w(e(c, x^{r1}), x^{r2}))$$
$$+ \lambda[f(x^c) - c] + \sigma[X - x^l - x^{r1} - x^c - x^{r2}]. \tag{2-1}$$

ここで，λ と σ はそれぞれ，製品生産と資源制約に関するラグランジュ乗数（＝潜在価格）である。以下では，分析を単純化する目的で，2つの排出抑制に関する解以外は内点解を仮定し，制約式もすべて等号が成立するものとしよう。

　このパレート最適化問題の1階条件は，以下の式で示される[14]。

$$u_c + u_w w_e e_c - \lambda = 0, \tag{2-2}$$

$$u_{xr} + u_w w_e e_x - \sigma \leq 0, \quad x^{r1} \geq 0, \quad (u_{xr} + u_w w_e e_x - \sigma) x^{r1} = 0, \tag{2-3}$$

$$u_{xl} - \sigma = 0, \tag{2-4}$$

$$u_w w_x - \sigma \leq 0, \quad x^{r2} \geq 0, \quad (u_w w_x - \sigma) x^{r2} = 0, \tag{2-5}$$

$$\lambda f' - \sigma = 0. \tag{2-6}$$

　以下では，これらの条件式を組み合わせることによって，パレート最適での いくつかの性質を示す。

　まず，潜在的廃棄物 e に対する排出抑制労働 x^{r2} の技術的限界代替率は，x^{r2} が厳密に正であるとすると，次のように表現される。

---

13)　また，2階偏導関数についてはすべて負，つまり $u_{cc} < 0$, $u_{xrxr} < 0$, $u_{xlxl} < 0$, $u_{ww} < 0$ を仮定する。

14)　また，(2-2)式，(2-3)式，(2-5)式の2階条件はそれぞれ，$u_{cc} + (u_{ww} w_e + u_w w_{ee}) e_c{}^2 + u_w w_e e_{cc} < 0$, $u_{xrxr} + (u_{ww} w_e + u_w w_{ee}) e_x{}^2 + u_w w_e e_{xx} < 0$, $u_{ww} w_x{}^2 + u_w w_{xx} < 0$ である。前述の関数形の仮定から，いずれもその負値が保証される。

$$\frac{dx^{r2}}{de}\bigg|_{\overline{w}} \equiv -\frac{w_e}{w_x} = \frac{1}{e_c}\left(\frac{u_c}{\sigma}-\frac{1}{f'}\right) > 0. \tag{2-7}$$

この式は，潜在的廃棄物が増えた場合に，処分廃棄物 $w = w(e, x^{r2})$ を一定に保つのに必要な，排出抑制時間の追加分である。(2-7)式の値が正であることから，処分廃棄物の「等量曲線」は右上がりである。

ちなみに，(2-7)式で示した限界代替率は，他の式を組み合わせることによって，次のように表現することも可能である。

$$\frac{dx^{r2}}{de}\bigg|_{\overline{w}} = \frac{1}{e_x}\frac{u_{xr}-\sigma}{\sigma} > 0. \tag{2-8}$$

この場合も，x^{r2} が正であることが前提である。

他方，製品 c に対する自主的な排出抑制 x^{r1} の技術的限界代替率は，もし x^{r1} が厳密に正であるならば，次のように表現される。

$$\frac{dx^{r1}}{dc}\bigg|_{\overline{e}} \equiv -\frac{e_c}{e_x} = \frac{u_c-\sigma/f'}{\sigma-u_{xr}} > 0. \tag{2-9}$$

この関係式は，消費者の製品の使用が増えたときに，潜在的廃棄物 $e \equiv e(c, x^{r1})$ を一定に保つために必要な，自主的な排出抑制時間の追加分である。これも前述の限界代替率と同様，正であるため，潜在的廃棄物の等量曲線が右上がりであることは明らかである。

2 － 4　競争均衡

本節では，分権的経済における消費者と生産者の意思決定問題を提起し，それを解くことによって得られる競争均衡条件を明らかにする。この排出抑制モデルの市場はいずれも完全競争的であり，経済主体は市場で決定される価格を所与として行動するものと仮定する。また，消費者は，最終的に生産者が決定する廃棄物の処分量を直接操作できないため，これを所与と見なす。

以下では，通常のモデル分析で仮定される経済的手法に加えて，生産者が最終処分する廃棄物の量に対して，$w_{\max}$ という正の上限が設定されるものと仮定する。

まず消費者は，次のように定義された制約付き効用最大化問題を解くものと

第2章　排出抑制と排出規制のモデル　　43

仮定する。

$$
\begin{aligned}
L^x \equiv\ & u(c, x^{r1}, x^l, \overline{w}) \\
& + \sigma^x [p^x (X - x^l) - (p^c + t^c) c - (p^x + t^{xr1}) x^{r1} \\
& - (s + t^e) e(c, x^{r1})].
\end{aligned}
\tag{2-10}
$$

この式において，p^x, p^c, s はそれぞれ，労働賃金率，製品価格，および潜在的廃棄物の引取料金率である。また，t^c, t^{xr1}, t^e はそれぞれ，製品の購入，潜在的廃棄物の排出抑制，および同廃棄物の排出に対する課税率である。

この消費者の直面する問題から，以下の1階条件が得られる。

$$
u_c - \sigma^x [(p^c + t^c) + (s + t^e) e_c] = 0,
\tag{2-11}
$$

$$
\begin{aligned}
u_{xr} - \sigma^x [(p^x + t^{xr1}) + (s + t^e) e_x] \leq 0, \quad x^{r1} \geq 0, \\
(u_{xr} - \sigma^x [(p^x + t^{xr1}) + (s + t^e) e_x]) x^{r1} = 0,
\end{aligned}
\tag{2-12}
$$

$$
u_{xl} - \sigma^x p^x = 0.
\tag{2-13}
$$

ここでは，パレート最適化問題と同様に，排出抑制時間以外は内点解を仮定している。また，制約式はいずれも等号で成立するものとしよう。

次に，生産者は，次の制約付き利潤最大化問題を解くと仮定する。

$$
\begin{aligned}
\pi^c \equiv\ & p^c c - (p^x + t^{xc}) x^c - (p^x + t^{xr2}) x^{r2} + se \\
& + \lambda^x [f(x^c) - c] + \xi [w_{\max} - w(e, x^{r2})].
\end{aligned}
\tag{2-14}
$$

ただし，t^{xc} と t^{xr2} はそれぞれ，製品の生産労働と廃棄物の排出抑制労働に対する課税率である。また，$w_{\max}$ は前述のように，処分廃棄物の量的上限を表しており，この規制に関するラグランジュ乗数を ξ としている。

この利潤最大化問題から導かれる1階条件は，以下の通りである。

$$
p^c - \lambda^x = 0,
\tag{2-15}
$$

$$
- (p^x + t^{xc}) + \lambda^x f' = 0,
\tag{2-16}
$$

$$
- (p^x + t^{xr2}) - \xi w_x \leq 0, \quad x^{r2} \geq 0, \quad [- (p^x + t^{xr2}) - \xi w_x] x^{r2} = 0,
\tag{2-17}
$$

$$
s - \xi w_e = 0.
\tag{2-18}
$$

ここでもやはり，排出抑制以外は内点解を仮定している。

44 第1部 基本的なモデル

　さて，次節において最適な「補完的な」経済的手法の組み合わせを論じる前に，以上で得られた競争均衡条件とパレート最適条件が一致するための条件を，あらかじめ示しておくことにしよう。まず，余暇に関する条件をもとに，

$$\sigma^x = \frac{\sigma}{p^x} \tag{2-19}$$

という等式を導く。この式は，パレート最適において，所得の限界（私的）効用が，時間の限界（社会的）効用をその市場価格で除した値に等しくなければならないことを示している。

　次に，製品生産への課税に関する条件として，

$$\lambda^x = \lambda \left(\frac{1}{\sigma^x} + \frac{t^{xc}}{\sigma} \right) \tag{2-20}$$

を得る。

　また，潜在的廃棄物の引取料金率 s は，(2-18)式より，

$$s = \xi w_e \tag{2-21}$$

と表現されることに注意しよう。(2-21)式において，右辺の同廃棄物の潜在価格 ξ と限界排出 w_e がともに正なので，左辺の引取料金も正である。もし左辺がゼロならば，任意の w_e に対して，ξ は常にゼロでなければならない。

　最後に，これらを組み合わせることにより，次の重要な式を得る。

$$(\xi w_e + t^e) e_c + t^c + \frac{1}{f'} t^{xc} = -\frac{u_w w_e e_c}{\sigma^x} > 0. \tag{2-22}$$

この式の左辺を見ると，政策当局が3種類の課税率のうち，1つを適切に設定できるならば，他の2つは不要であることがわかる。

2−5　排出規制下の課税・補助の組み合わせ

　本節では，以上の条件式を利用して，処分廃棄物に対する排出規制が存在する状況下で，どのような経済的手法が「補完的に」必要なのかを明らかにする。

第2章 排出抑制と排出規制のモデル 45

まず，結果を整理するために，[1] 消費者と生産者のどちらも排出抑制しないケースN，[2] 消費者のみ排出抑制するケースC，[3] 生産者のみ排出抑制するケースP，[4] 両者とも排出抑制するケースD，という4つの場合分けを行う。なお，すべてのケースにおいて，(2-19)式から(2-22)式を用いる。

[1] ケースN

第1は，消費者と生産者のどちらも排出抑制しない，すなわち $x^{r1}=x^{r2}=0$ のときである。この場合は，それぞれ関連する1階条件が等号で成立しないので，(2-19)式から(2-22)式を用いて最適な政策を導き出す。

この排出抑制モデルにおいて，政策当局が課税あるいは補助を行うのは，廃棄物の最終処分に伴う限界不効用を内部化するためである。しかし，(2-22)式の左辺を見て明らかなように，政策の候補は3種類もある。したがって，そのうち少なくとも1つの政策が適切に設定されるならば，他の2つは不要である。以下では，政策の数が少なければ実施面での手間がより省ける，という根拠から，最少の経済的手法の組み合わせを示すことにする。

まず，潜在的廃棄物への政策を考えよう。(2-22)式において，$t^c=t^{xc}=0$ とすると，同廃棄物への最適な課税率として，

$$t^e = w_e G \tag{2-23}$$

が得られる。ただし，

$$G \equiv -\frac{u_w}{\sigma^x} - \xi \gtreqless 0 \tag{2-24}$$

である。

(2-24)式の G は，処分廃棄物に伴う限界不効用（の貨幣的価値）と，排出規制下での同廃棄物の潜在価格との差である。両者とも正値をとることから，もし前者が相対的に大きいならば G は正であり，潜在的廃棄物には課税が必要である。逆に，G が負であるならば，同廃棄物の排出に対して補助がなされるべきである[15]。

他方，たとえ何らかの理由で潜在的廃棄物に対する政策が実施できなくても，

表 2 − 1　排出抑制状況に応じた課税・補助

(1)ケース N	e に対して		e 以外に対して		課税率
	$G>0$	$G<0$	$G>0$	$G<0$	
t^e	+	−	0	0	w_eG
t^c または t^{xc}	0	0	+	−	w_ee_cG または $w_ee_cf'G$

(2)ケース C	e に対して		e 以外に対して		課税率
	$G>0$	$G<0$	$G>0$	$G<0$	
t^e	+	−	0	0	w_eG
t^c または t^{xc}	0	0	+	−	w_ee_cG または $w_ee_cf'G$
t^{xr1}	0	0	−	+	w_ee_xG

(3)ケース P	e に対して		e 以外に対して		課税率
	$G>0$	$G<0$	$G>0$	$G<0$	
t^e	+	−	0	0	w_eG
t^c または t^{xc}	0	0	+	−	w_ee_cG または $w_ee_cf'G$
t^{xr2}	−	+	−	+	w_xG

(4)ケース D	e に対して		e 以外に対して		課税率
	$G>0$	$G<0$	$G>0$	$G<0$	
t^e	+	−	0	0	w_eG
t^c または t^{xc}	0	0	+	−	w_ee_cG または $w_ee_cf'G$
t^{xr1}	0	0	−	+	w_ee_xG
t^{xr2}	−	+	−	+	w_xG

[注]　$G = -u_a/\sigma^x - \xi$ であり，符号は不定。

それ以外の 2 つの政策のうち 1 つを適切に実施すればよい。

つまり，$t^e=0$ と仮定すると，(2-22)式より，

$$t^c = w_ee_cG \gtreqless 0 \quad \text{for} \quad G \gtreqless 0, \tag{2-25}$$

または

$$t^{xc} = w_ee_cf'G \gtreqless 0 \quad \text{for} \quad G \gtreqless 0 \tag{2-26}$$

が，それぞれ有効な課税率であることがわかる。なお，G の符号と課税率の符号との関係は，前述の廃棄物に対する政策の場合と同じである。

───────────

15)　ここで，限界不効用と潜在価格の間には何の数学的連関もないことに注意されたい。

第2章 排出抑制と排出規制のモデル 47

　以上より，消費者と生産者のどちらも排出抑制しない場合は，適切に税率が設定された政策が1つありさえすれば，外部不経済を内部化できることがわかった。**表2－1**の(1)は，これらの結果を整理したものである。もはや言うまでもなく，排出規制の潜在価格ξが存在することによって，課税率の符号は確定しない。ちなみに，Gが偶然ゼロであるならば，排出規制以外の政策は不要である。

[2] ケースC

　第2は，消費者のみが排出抑制する，すなわち$x^{r1}>0, x^{r2}=0$の状況である。このとき，いくつかの式を組み合わせることによって，

$$(\xi w_e+t^e)\,e_x+t^{xr1}=-\frac{u_w w_e e_x}{\sigma^x}<0 \tag{2-27}$$

という関係式を得る。ここで，排出抑制時間への課税率をゼロとするならば，

$$t^e=w_e G \tag{2-28}$$

という課税率が得られるが，これは前述の(2-23)式と同じである。

　一方，(2-27)式において，$t^e=0$と仮定するならば，ケースNでは見られなかった次の式が導かれる。

$$t^{xr1}=w_e e_x G \gtreqless 0 \qquad \text{for} \quad G \gtreqless 0. \tag{2-29}$$

したがって，潜在的廃棄物に課税あるいは補助を行わない場合は，ケースNの(2-25)式または(2-26)式で示された政策に加えて，消費者の排出抑制に対する政策も実施しなければならないことがわかった。

　表2－1の(2)は，消費者のみ排出抑制を行うときの政策の組み合わせを示したものである。潜在的廃棄物に課税あるいは補助が可能であるならば，経済的手法はそれだけで十分である。もしそれができないならば，製品の購入またはその生産の労働に対する政策と，排出抑制に対する政策とを同時に行わなければならない。したがって，必要な政策は1つ増える。

[3] ケースP

第3のケースは，消費者は排出抑制しない一方，生産者のみ排出抑制する場合である。すなわち，$x^{r1}=0, x^{r2}>0$ である。関連する条件式より，次の式を得る。

$$p^x + t^{xr2} = -\frac{\sigma\xi}{u_w} > 0. \qquad (2\text{-}30)$$

これより，最適な排出抑制への課税率として，

$$t^{xr2} = w_x G \gtreqless 0 \qquad \text{for} \quad G \gtreqless 0 \qquad (2\text{-}31)$$

が得られる。その他の政策は，ケースNと同じである。

表2−1の(3)は，生産者のみが排出抑制を行うときの政策の組み合わせである。一見すると，前ケースである**表2−1の(2)**と同じようだが，1つ違う点がある。それは，(2-31)式で示された排出抑制への政策が，潜在的廃棄物に対して政策を設けるかどうかに関係なく必要とされる，という点である。これはすなわち，生産者に対する廃棄物の排出規制と単一の経済的手法の組み合わせだけでは，外部性の内部化に不十分であることを意味している。また，もし排出抑制に対する政策が実施不可能であるならば，G がゼロでない限り，外部不経済の内部化は実現しえない。

[4] ケースD

最後は，両者とも排出抑制に携わる $x^{r1}>0, x^{r2}>0$ のケースである。

ここでは，あらためて数式を操作する必要はない。単に，ケースCとケースPの政策を組み合わせれば，その目的は達成される。

表2−1の(4)は，すでに示してある表を合成したものである。この中で最も複雑な組み合わせは，潜在的廃棄物への政策を行わない場合であり，その際に必要な政策は，排出規制を加えると4種類に及ぶ。なお，それぞれの排出抑制に対する政策は，たとえ税率の数学的表現が似ていようとも，個別に設定しなければならない。

表 2 - 2　引取料金がゼロまたは非常に安いとき

	e に対して	e 以外に対して	課　税　率
t^e	+	0	$-u_w w_e / \sigma^x$
t^cまたはt^{xc}	0	+	$-u_w w_e e_c / \sigma^x$または$-u_w w_e e f' / \sigma^x$
t^{xr1}	0	−	$-u_w w_e e_x / \sigma^x$
t^{xr2}	不要	不要	$(-p^x)$

　ところで，市場の競争均衡において，もし潜在的廃棄物の引取料金がゼロ，あるいはそれに非常に近いほど安いならば，以上の政策の組み合わせはどのように変更されるであろうか。その結果を，簡単に示しておくことにする。

　まず，(2-18)式において$0-\xi w_e<0$となるから，Kuhn-Tucker 条件に基づいて，生産者が受け取る廃棄物 e はゼロでなければならない。続いて，仮定より $w=w(0, x^{r2})=0$ となることから，任意の正の $w_{\max}$ に関して，排出規制の潜在価格 ξ はゼロでなければならない。最後に，(2-17)式において $-(p^x+t^{xr2})<0$ であるから，生産者による排出抑制 x^{r2} はゼロである。

　このときの政策の組み合わせの内容を，表 2 - 2 に示した。排出規制の潜在価格 ξ がゼロなので，これまでの政策の組み合わせとは異なり，課税率の符号が明確に決まる。つまりこの場合，規制が拘束的ではなくなるので，前章の資源利用モデルのような，あたかも規制がないモデルでの議論に戻ることになる。

2 - 6　おわりに

　本章では，最終処分される廃棄物に対する量的規制が分権的経済で設けられている排出抑制モデルを用いて，同廃棄物が外部不経済を生じる場合に，その規制を補完するためにどのような課税あるいは補助を政策当局が講じるべきかを明らかにした。そしてその政策を，消費者および生産者がそれぞれ排出抑制をするか否かで，4 つのケースに分類した。

　各ケースで得られた政策的含意は，以下の通りである。なお，いずれも排出規制があることを前提としている。

（1）ケースN（両者とも排出抑制しない）：潜在的廃棄物の引き取り，製品の購入，労働の投入のうち，どれか1つに課税あるいは補助をすれば十分である。

（2）ケースC（消費者のみ排出抑制する）：潜在的廃棄物の引き取りに対して，課税または補助をすればよい。そうでなければ，製品の購入または労働の投入への政策に加えて，排出抑制に対する補助または課税が必要とされる。

（3）ケースP（生産者のみ排出抑制する）：潜在的廃棄物の引き取りに対して政策を実施するときにも，排出抑制への補助または課税が必要である。

（4）ケースD（両者とも排出抑制する）：（2）と（3）を合わせたものである。

いずれのケースにおいても，処分廃棄物に伴う限界不効用と排出規制下での同廃棄物の潜在価格との相対的な大小関係が重要である。両者の値のどちらが大きいかによって，それぞれの政策において課税と補助のどちらが必要なのかが決定される。

この分析で得られた最も重要と思われる含意は，排出抑制という行為が認められている状況において，単に廃棄物の最終処分量に上限を設けるような排出規制では外部性の内部化に不十分であり，偶然の場合を除き，それを補完するための課税あるいは補助が必要である，という点である。その理由はもはや言うまでもなく，排出抑制という行動を分析の中で考慮したためである。この可能性があるために，単に廃棄物の処分に政策を設定するだけでは，当初の目的を達成しえないのである。

現実に行われている環境政策では，さまざまな分野のさまざまな排出物に対して量的規制が設けられているが，それが本当に効率的なのかどうか不明なものが多い。

この点に着目して，ではどのような規制ならば経済学的に見てより効率的なのか，を検討することは，興味深い作業である。1つの「次善策」として考え

られるのは，補完的政策がより少なくて済む規制を新たに採用すること，あるいは，現在の規制からそのような規制に変更することである。

　排出抑制モデルで想定した規制の形式はごく単純なものであり，あくまで分権的意思決定においてどのように外部性を内部化すべきか，を主要な問題にしている。したがって，このモデルにおいて，最適資源配分イコール「処分量に関する制約の成立」ではない。ちなみに，最適資源配分問題の定式化そのものを変えれば，政策的な結論は当然変わるだろう。しかし，ここではその可能性を指摘するのみにとどめ，新たなモデル分析を追究しない。

　以上，本書の第1部では，資源の各種リサイクリングと廃棄物の排出抑制および最終処分を仮定した基本的な理論モデルを分析することによって，外部性を内部化するためには，いくつかの政策を組み合わせなければならないことを明らかにした。とはいえ，その複数ある政策の候補の中からどれを選択するかには，理論的に明快な判断基準が存在しない。したがって，ある種の一般的な同意が得られそうな基準を提示して，そのような政策の組み合わせはどういうものかを明らかにすることが，この次に必要とされる作業であろう。

　第2部では，この点に着目して，モデル分析を進める。

第 2 部　政策の選択

第3章　課徴金・補助金の設定方法[1]

3－1　はじめに

　本章では，資源の循環を組み込んだ一般均衡モデルである「循環資源モデル」を前提に，各種の課税と補助から構成されるいくつかの課徴金と補助金の設定方法（以下，「課税・補助ルール」とよぶ）を明示する。モデルでは，代表的な経済主体として，消費者，生産者，再資源化業者の3つを想定する。また，消費者の限界効用に関して，3種類の外部性が存在することを仮定する。したがって，その内部化には少なくとも，3種類の課徴金・補助金の組み合わせが必要である。

　本章の循環資源モデルでは，次のような一連の状況を想定している[2]。

　生産者は，再資源化業者が供給する再生資源を原料として利用し，消費者に販売する製品にまで仕上げる。消費者が購入および使用した製品は，その回収の責任を負う生産者によって回収されるか，消費者自身によって不法投棄されるかのどちらかである。後者の投棄によって，外部不経済が発生するものと仮定する。

　他方，生産者により回収された使用済み製品は再資源化業者に引き渡され，そのうちのある程度が再生資源となる。この資源を再度，生産活動に用いるこ

---

1 ）　初出："Materials Cycle and Tax-and-Subsidy Sharing Rules," in Kuboniwa, Masaaki eds., "Recent Development in Environmental Economics (Part 1)," Discussion Paper Series B No.26, Institute of Economic Research, Hitotsubashi University, pp.1-27, March 2002.

2 ）　Walls and Palmer (2001)は，部分均衡分析の枠組みを用いて，経済全般に及ぶライフサイクル(life-cycle)の環境問題を検討している。また，Eichner and Pethig (2001)は一般均衡モデルを基礎として，「グリーン製品デザイン」(green product design)という要素を取り入れた場合の，いくつかの政策の組み合わせを提示している。

とによって，未使用の原料や新規エネルギーの投入を節約でき，それゆえに外部経済が生じるものと想定する[3]。

　本章が結論とする課税・補助ルールは，一次的に得られる27通りの課徴金と補助金の組み合わせの中から，次の３つの段階を経ることによって導かれる。第１に，３つの経済主体のうち２つに，課税あるいは補助を設定する。第２に，その中から，各経済主体が支払う税の総額の符号が明らかであるものを抽出する。

　そして第３に，経済の「動脈側」と「静脈側」のそれぞれに簡明な形で設定される，４つの課税・補助ルールを選び出す。このルールはいずれも，動脈側のある経済主体に課税する一方，静脈側のある経済主体に補助する，という形式をとっている。興味深いことに，これら４つのルールは互いに関連しており，代替が可能である。したがって，政策当局は状況に応じて，柔軟な政策の選択が可能である。

　もちろん，これはあくまで一連の想定に基づく帰結であり，ほかにも合理的な取捨選択の方法はありうるので，結果はこの限りではないだろう。しかし，本章の循環資源モデルで展開するようなルールの提起，およびその適用によって，多種多様な政策の組み合わせがどう絞られるのかを論ずる試みは，過去にほとんどないといってよい。また，それ以前に，27通りにも及ぶ数の政策の組み合わせを示すようなモデル分析も，皆無である。

３－２　モ デ ル

　本節では，循環資源モデルの前提を説明する。図３－１は，モデル経済における一連の流れを示した図である。

　このモデルでは，消費者，生産者，再資源化業者を，代表的な３つの経済主体と仮定する。消費者が利用可能な総時間 X が，このモデル経済における資源制約である。

---

[3]　Koide（2000, 2002）でも，同様の仮定を置いている。なお，リサイクリングが逆に外部不経済をもたらす状況も，以下の分析で得られる当該限界効用を負値と見なすことによって，容易に解釈ができる。

第 3 章　課徴金・補助金の設定方法　　　　57

図 3 — 1　循環資源モデルの概略

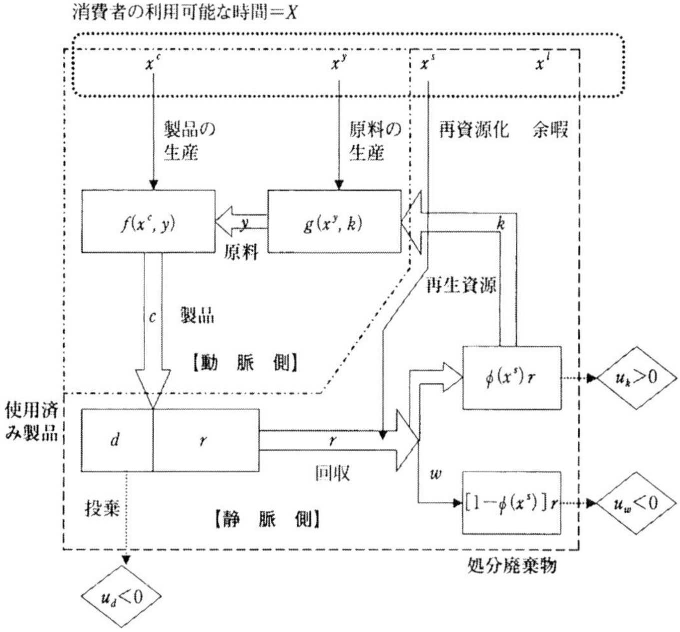

　本モデルでは便宜上，この一連の資源循環の局面を，生産（＝原料および製品の生産）と使用から成る「動脈側」と，回収または投棄，再資源化，最終処分から成る「静脈側」の 2 つに分けている。どの経済主体も両方の局面に関与しているが，特に静脈側においては，再資源化業者の担う役割が大きい。なお，静脈側の外側にある 3 つのひし形は，消費者が非意図的に受ける影響すなわち外部性を，各種限界効用で表している。

　以下では，この図 3 — 1 に沿って，循環資源モデルの数学的な仮定を導入する。まずは，動脈側と静脈側の接点である製品の使用を起点に，モデル経済の静脈側から説明を始めよう。

　消費者による製品の購入量および使用量を，c で表す。当該製品を使用した後，消費者は 2 つの選択肢をもつ。1 つは，その使用済み製品を生産者に有料で引き渡すことであり，もう 1 つは，自らの手で不法投棄をすることである。

58　　　　　　　　　　第2部　政策の選択

生産者に引き渡される量を r とし，かつ単純化のため，これがそのまま再資源化業者の手に渡るものと仮定する。他方，使用後に不法投棄される量を d とし，消費者は私的費用をかけずにこの行為ができるとしよう [4]。そして，これらの3変数の間には，$c=r+d$ という関係が成り立っているものとする。

　さて，生産者が回収した使用済み製品は，そのまま再資源化業者に，やはり有料で引き渡される。再資源化業者は，労働 x^s を投入することによって，受け取った r のうち，$\phi(x^s) \in [0, 1)$ の割合を再資源化する。ここで，ϕ は再資源化率であり，収穫逓減的な増加関数であるとしよう。また，労働が投入されなければ再資源化率はゼロであると仮定する [5]。そして，この過程によって産出される再生資源の量を，$k \equiv \phi(x^s) r$ と定義しよう。

　その一方で，再資源化されなかった分は，廃棄物 w として最終処分される [6]。具体的には，$w \equiv [1 - \phi(x^s)] r$ と表される。ここで，$1 - \phi$ を処分率とよぶ。これら2本の式の定義より，$r = k + w$ であることは明らかである。つまり，いったん回収されたものは，再資源化されるか最終処分されるかのいずれかである。

　続いて，モデル経済の動脈側の説明に入ろう。本モデルは，製品が「完成」するまでに，2つの工程を経るものと仮定する。第1は，労働 x^y を用いて，前述の再生資源 k から製品の原料 y を得る工程である [7]。第2は，その原料と労働 x^c を投入することによって，製品 c を産出する工程である。これらの労働はいずれも，消費者から供給される。

　まず，原料を製造する第1の工程では，$y \equiv g(x^y, k)$ という関数を仮定し，その偏導関数として，$g_x > 0, g_k > 0, g_{xx} < 0, g_{kk} < 0$ を仮定する。これに続く，製品を完成する第2の工程では，$c \equiv f(x^c, y)$，および $f_x > 0, f_y > 0, f_{xx} < 0, f_{yy} < 0$ という形の関数を仮定する。すなわち，一連の製品生産の工程に関して，

---

4)　もし消費者が自分の時間を割いて投棄すると考えるならば，以下のモデルの仮定はやや複雑になる。とはいえ，そのような作業をここでは割愛する。消費者による投棄とその隠蔽の手間を明示したモデルの例として，本書第6章を参照されたい。

5)　すなわち，再資源化関数について，$\phi' > 0, \phi'' < 0, \phi(0) = 0$ であると仮定する。

6)　最終処分業者の存在を追加的に仮定しても，本分析の含意にほとんど影響はない。

7)　第1章の資源利用モデルと同様に，ここでいう労働が資源の採掘に投入され，その産物が再生資源と代替される，という解釈を行っても構わない。

第3章　課徴金・補助金の設定方法　　　　　59

収穫逓減的な増加関数を用いる。

　ところで，このような段階的な生産工程を想定するのは，製品の製造および
資源のリサイクリングが現実的に多段階であり，製品の「中間財」として再生
資源や再生部品，容器包装などが製造されることを念頭に置いているからであ
る[8]。なお，容器の区別を考慮したモデルは次章で示すこととし，ここでは一
般性のある定義を使って分析を進める。

　続いて，この循環資源モデルにおける代表的な消費者の効用関数を，$u \equiv u(c, x^l, r, d, w, k) = u(c, x^l, r, d, [1-\phi(x^s)]r, \phi(x^s)r)$という形で定義する。
かつ，各変数の限界効用について，$u_c>0, u_x>0, u_r<0, u_d<0, u_w<0, u_k>0$と
仮定する。つまり，このモデルの消費者は，製品 c，余暇 x^l，リサイクリング
（＝再生資源の利用）k の各量が増えることによって効用が高まるが，使用済
み製品の回収 r，不法投棄 d，廃棄物の最終処分 w の各量が増えると効用は
低くなる[9]。

　使用済み製品の不法投棄については，多人数の消費者が存在する場合に，他
人の投棄によって自分の生活環境が予期せざる被害を受ける，という理由で，
市場経済における外部性の１つと見なす[10]。また，回収については，自分の使
用した製品をそれなりに適正に管理して引き渡さなければならない数々の「手
間」を，消費者の私的な不効用要因と考えている。

　最後に，このモデル経済における本源的生産要素の制約式を，$X = x^c + x^y + x^s + x^l$とする。左辺の X は消費者にとって与件である利用可能時間であり，
右辺の x^cは製品自体の生産，x^yは製品に必要な原料の生産，x^sは使用済み製
品の再資源化に，それぞれ費やされる時間である。そして，残る x^l は余暇時
間である。

8）　例えば，「資源の有効な利用の促進に関する法律」において，再生資源や再生部品の利用に取り
　組むことが要請されている「特定再利用業種」として，紙製造業，ガラス容器製造業，建設業，硬
　質塩化ビニル製の管・管継手の製造業，複写機製造業の５つが指定されている。
9）　さらに，効用関数の２階偏導関数はすべて負値を仮定する。これによって，以下の最大化の２階
　条件は常に満たされる。
10）　必要ならば，消費者の数を n として，d の代わりに不法投棄の総量（$=nd$）を効用関数内に用
　いても構わない。ここで本質的なことは，最適資源配分では投棄の量を適正に操作できる一方，分
　権的意思決定では（他の消費者も同様の投棄を行うために）これができない，という想定の違いで
　ある。

60　　　　　　　　　　第2部　政策の選択

3－3　パレート最適

　以上の諸仮定を用いて，本節では最適資源配分問題を解き，パレート最適条件を導く。

　その前提として必要なラグランジュ関数を，次のように定義する。

$$
\begin{aligned}
L \equiv u(c, x^l, r, d, [1-\phi(x^s)]r, \phi(x^s)r) \\
+\lambda[f(x^c, y)-c]+\mu[g(x^y, k)-y]+\eta[\phi(x^s)r-k] \\
+\kappa[c-r-d]+\sigma[X-x^c-x^y-x^s-x^l].
\end{aligned}
\tag{3-1}
$$

ここで，効用関数に続く $\lambda, \mu, \eta, \kappa, \sigma$ は，それぞれの制約式に関するラグランジュ乗数である。なお，依然として代入することによって減らせる変数はあるものの，とりあえずこの関数を利用して問題はない。

　以下では，すべての変数に関して内点解を仮定し，かつ，制約式はすべて等号で満たされると仮定する。このとき，パレート最適を実現する1階条件は，以下に列挙する通りである。

$$
u_c + u_d = \lambda,
\tag{3-2}
$$

$$
u_x = \sigma,
\tag{3-3}
$$

$$
-\eta\phi = u_r - u_d + (1-\phi)u_w + \phi u_k,
\tag{3-4}
$$

$$
u_d = \kappa,
\tag{3-5}
$$

$$
\eta\phi' r = \sigma + \phi' r(u_w - u_k),
\tag{3-6}
$$

$$
f_x = \frac{\sigma}{\lambda},
\tag{3-7}
$$

$$
f_y = \frac{\mu}{\lambda},
\tag{3-8}
$$

$$
g_x = \frac{\sigma}{\mu},
\tag{3-9}
$$

$$
g_k = \frac{\eta}{\mu}.
\tag{3-10}
$$

　なお，前述の関数形の仮定により，2階条件はいずれも満たされる。

第3章　課徴金・補助金の設定方法　　　　　　61

3 ― 4　競争均衡

　次に，各経済主体による分権的な意思決定問題を明らかにし，その競争均衡
条件を導出する。まず，どの市場に関しても完全競争であることを仮定し，そ
れゆえに各種価格は経済主体にとって所与であるとする。
　循環資源モデルの代表的消費者は，次のラグランジュ関数で表される効用最
大化問題を解くものと仮定しよう。

$$L^x \equiv u(c, x^l, r, \overline{d}, \overline{w}, \overline{k})$$
$$+ \varkappa^x[c - r - d] + \sigma^x[p^x(X - x^l) - (p^c + t^c)c - t^d d + p^2 r]. \tag{3-11}$$

ここで，効用関数 u に続く制約式は，使用済み製品の物質収支（ラグラン
ジュ乗数は $\varkappa^x$）と予算制約（ラグランジュ乗数は σ^x）の2つである。また，
効用関数内のバーを付した3つの変数は，消費者にとって所与であり，本人の
意思でこれらを操作することはできないものと仮定する。
　(3-11)式の予算制約において，p^x は労働の賃金率，p^c は製品 c の市場価格，
t^c は同製品に対する課税率，t^d は不法投棄 d に対する「罰金率」[11]，p^2 は使用
済み製品を生産者に引き渡す際に消費者が受け取る「返金率」である。した
がって，この循環資源モデルでは，前章までのモデルとは対照的に，消費者が
有用資源である使用済み製品を生産者に売る，という形を想定していることに
注意してほしい。
　上記の消費者の効用最大化問題より，以下の1階条件を得る。

$$u_c = \sigma^x t^d + \sigma^x(p^c + t^c), \tag{3-12}$$

$$u_x = \sigma^x p^x, \tag{3-13}$$

$$u_r = -\sigma^x t^d - \sigma^x p^2, \tag{3-14}$$

---

11)　数学的な意味合いは課税率とまったく同じであるが，投棄は文字通り「不法」な行為なので，そ
　　れに対して罰金（率）という，より適切な用語を使っている。なお，このような数学的に同等な取
　　り扱いを行うと，課税が事前の政策，罰金が事後の政策という，両者の根本的な性質の違いを無視
　　していると批判されるかもしれない。本書のモデルはいずれも時間の要素を考慮していないので，
　　事前と事後の差は実質的にない。

62　　　　　　　　　　　　　　第2部　政策の選択

$$\kappa^x = -\sigma^x t^d. \tag{3-15}$$

以下では，前節と同様に，均衡解はいずれも内点解であることを仮定している。また，制約式はいずれも等号で満たされているものとする。

　次に，代表的な生産者は，次のような利潤を最大化するものと仮定しよう。

$$\pi^c \equiv p^c c - (p^x + t^{xc}) x^c - (p^y + t^y) y + p^1 r \\ - (p^2 + t^2) r + \lambda^x [f(x^c, y) - c]. \tag{3-16}$$

ここで，t^{xc}は製品を生産するための労働に対する課税率，p^yは製品原料の市場価格，t^yは同課税率，p^1は使用済み製品を再資源化業者に引き渡す際に受け取る返金率[12]，t^2は消費者から使用済み製品を引き取る際の課税率である。また，λ^xは，生産関数についてのラグランジュ乗数である。

　このとき，利潤最大化を実現する1階条件は，次の通りである。

$$p^c = \lambda^x, \tag{3-17}$$

$$f_x = \frac{p^x + t^{xc}}{\lambda^x}, \tag{3-18}$$

$$f_y = \frac{p^y + t^y}{\lambda^x}, \tag{3-19}$$

$$p^1 = p^2 + t^2. \tag{3-20}$$

最後の(3-20)式は，競争均衡において，使用済み製品1単位について，生産者が再資源化業者から受け取る額（＝左辺）が，生産者が消費者に支払う金額と政策当局に支払う税額の和（＝右辺）に等しいことを表している。

　さらに，代表的な再資源化業者は，次のように定義される利潤を最大化するものと仮定する。ただし，μ^xとη^xはそれぞれ，原料と再生資源に関する制約式のラグランジュ乗数である。

---

12)　つまり，返金率の上添え字1は「再資源化業者から生産者へ」，上添え字2は「生産者から消費者へ」という流れを意味している。

第3章　課徴金・補助金の設定方法　　　63

$$\pi^r \equiv p^y y - (p^x + t^{xy}) x^y - (p^1 + t^1) r - (p^x + t^{xs}) x^s$$
$$- [1 - \phi(x^s)] rt^w - \phi(x^s) rt^k \tag{3-21}$$
$$+ \mu^x [g(x^y, k) - y] + \eta^x [\phi(x^s) r - k].$$

なお，t^{xy}, t^1, t^{xs}はそれぞれ，原料生産のための労働，生産者への返金，再資
源化のための労働にそれぞれ設定される課税率である。同様に，t^wとt^kはそ
れぞれ，処分される廃棄物と再生資源に対する課税率である。

この再資源化業者に関する競争均衡条件は，次のように表される。

$$p^y = \mu^x, \tag{3-22}$$

$$g_x = \frac{p^x + t^{xy}}{\mu^x}, \tag{3-23}$$

$$\eta^x \phi = p^1 + t^1 + (1 - \phi) t^w + \phi t^k, \tag{3-24}$$

$$\eta^x \phi' r = p^x + t^{xs} - \phi' r (t^w - t^k), \tag{3-25}$$

$$g_k = \frac{\eta^x}{\mu^x}. \tag{3-26}$$

3 - 5 課税・補助決定式の導出

本節ではまず，パレート最適条件と競争均衡条件を一致させるための式をい
くつか提示し，その上で，外部性を内部化するために必要な「課税・補助決定
式」を明らかにする。

前節までに得られた条件を比較し，適切に整理することによって，以下のよ
うな等式が導かれる。

$$p^x = \frac{\sigma}{\sigma^x}, \tag{3-27}$$

$$\sigma^x \lambda^x + \sigma^x (t^d + t^c) = \lambda - u_d, \tag{3-28}$$

$$\sigma^x [\eta^x \phi - t^1 - (1 - \phi) t^w - \phi t^k - t^2] + \sigma^x t^d$$
$$= \eta \phi - u_d + (1 - \phi) u_w + \phi u_k, \tag{3-29}$$

64　　　　　　　　　　　第2部　政策の選択

$$\frac{\frac{\sigma}{\sigma^{\chi}}+t^{xs}-\phi'\gamma(t^w-t^k)}{\eta^{\chi}}=\frac{\sigma+\phi'\gamma(u_w-u_k)}{\eta}. \tag{3-30}$$

さらに計算を進めると，特にそれぞれの潜在価格間の関係として，以下の式を得る。

$$\lambda^{\chi}=\lambda\left(\frac{1}{\sigma^{\chi}}+\frac{t^{xc}}{\sigma}\right), \tag{3-31}$$

$$\mu^{\chi}=\mu\left(\frac{1}{\sigma^{\chi}}+\frac{t^{xy}}{\sigma}\right), \tag{3-32}$$

$$\eta^{\chi}=\eta\left(\frac{1}{\sigma^{\chi}}+\frac{t^{xy}}{\sigma}\right), \tag{3-33}$$

$$t^y=\frac{\mu}{\sigma}(t^{xc}-t^{xy}). \tag{3-34}$$

そして，直前の(3-34)式を含め，合計4つの課税・補助決定式を導くに至る。

$$t^d+t^c+\frac{1}{f_x}t^{xc}=-\frac{u_d}{\sigma^{\chi}}, \tag{3-35}$$

$$-t^d+(1-\phi)t^w+\phi t^k+t^1+t^2-\phi\frac{\eta}{\sigma}t^{xy}=\frac{u_d}{\sigma^{\chi}}+J, \tag{3-36}$$

$$\frac{t^{xs}}{\phi'\gamma}-t^w+t^k-\frac{\eta}{\sigma}t^{xy}=\frac{u_w-u_k}{\sigma^{\chi}}. \tag{3-37}$$

ただし，(3-36)式において，

$$J\equiv-(1-\phi)\frac{u_w}{\sigma^{\chi}}-\phi\frac{u_k}{\sigma^{\chi}}\gtreqless0 \tag{3-38}$$

である。

(3-38)式のJは，廃棄物の処分および再生資源の利用に伴う限界効用の貨幣評価額を，それぞれの寄与度（＝処分率および再資源化率）で加重した値である。当初の仮定より，(3-38)式の右辺第1項は正であり，同第2項は負である。したがって，廃棄物の処分による限界不効用がより大きい，あるいは処分率がより大きいならば，Jは正である可能性が高い[13]。

第3章　課徴金・補助金の設定方法　　65

さて，前述の課税・補助決定式を見よう。まず，(3-35)式は，3つの課税率
の候補のうち，1つが適切に設定されるならばそれで十分であることを表して
いる。また，同式の右辺は，使用済み製品の不法投棄に伴う限界不効用の金額
表示（の絶対値）である。

　表3－1は，罰金率または課税率を1つだけ選んだ場合の値を示したもので
ある。そのうち，不法投棄1単位へ罰金を設けた場合（=タイプD）と，購入
製品1単位へ課税した場合（=タイプC）では，両者の値はともに等しい。ま
た，製品の生産に投入される労働1単位へ課税すること（=タイプX^c）に
よっても，投棄に伴う外部不経済を内部化できる。ただし，この税率の計算に
は，同労働の限界生産物f_xが必要である。

　続いて，(3-36)式，(3-37)式，および(3-34)式を検討することによって，タ
イプD，タイプC，タイプX^cに関して，政策の組み合わせがそれぞれ9通り
存在することが確認できる。したがって，その組み合わせの合計は27通りにも
及ぶ。

　表3－2はタイプD，表3－3はタイプC，表3－4はタイプX^cの政策の
組み合わせを，それぞれ整理したものである。各表の最上段に示したアルファ
ベットの組み合わせは，課税または補助の対象である変数を並べたものである。
また，使用済み製品の取引に関する課税率は，単に$t^1 + t^2$という和の形で示し
ている。つまりこの場合，どちらか一方の段階で課税または補助を行えば十分
である[14]。

　これら3つの表を考察することによって得られる，6つの含意を記してお
く[15]。

---

13)　あるいは，再生資源に関する限界効用がより小さい，または再資源化率がより小さくても，同様
　のことがいえる。
14)　製品課税率t^cを製品に対する一種の「デポジット」と見なすと，表3－3の組み合わせは，外
　部性の内部化のために多様な「デポジット（・リファンド）制度」がありうることを示している
　（これは Fullerton and Wolverton (1999, 2000)の見方に則っている）。ただし本書では，デポ
　ジット制度そのものについてこれ以上立ち入らない。同制度の理論的考察に関しては，Bohm
　(1981)，小出(1999)，細田・横山(2007)の第10章を参照されたい。
15)　ここでは，表3－1で示された政策を数に入れていない。

66 第2部 政策の選択

表3―1 消費者の投棄に対する3つの政策

	タイプD	タイプC	タイプX^C
t^d	$-(u_d/\sigma^x)>0$	0	0
t^c	0	$-(u_d/\sigma^x)>0$	0
t^{xc}	0	0	$-f_x(u_d/\sigma^x)>0$

表3―2 課税・補助の組み合わせ(1):タイプD

	D-WK	D-WR	D-WX^{Y}Y	D-WX^s
t^w	$-(u_w/\sigma^x)>0$	$(u_k-u_w)/\sigma^x>0$	$-(u_w/\sigma^x)>0$	$J/(1-\phi)>0$ if $J>0$
t^k	$-(u_k/\sigma^x)<0$	0	0	0
t^1+t^2	0	$-(u_k/\sigma^x)<0$	0	0
t^{xy}	0	0	$(g_x/g_k)(u_k/\sigma^x)>0$	0
t^y	0	0	$(-1/g_k)(u_k/\sigma^x)<0$	0
t^{xs}	0	0	0	$-[\phi'r/(1-\phi)](u_k/\sigma^x)<0$

	D-KR	D-KX^s	D-RX^{Y}Y	D-RX^s	D-X^{Y}YX^s
t^w	0	0	0	0	0
t^k	$(u_w-u_k)/\sigma^x<0$	$J/\phi>0$ if $J>0$	0	0	0
t^1+t^2	$-(u_w/\sigma^x)>0$	0	$-(u_w/\sigma^x)>0$	J	0
t^{xy}	0	0	$(g_x/g_k)[(u_k-u_w)/\sigma^x]>0$	0	$-(g_x/g_k)(J/\phi)<0$ if $J>0$
t^y	0	0	$(1/g_k)[(u_w-u_k)/\sigma^x]<0$	0	$(1/g_k)(J/\phi)>0$ if $J>0$
t^{xs}	0	$(\phi'r/\phi)(u_w/\sigma^x)<0$	0	$\phi'r(u_w-u_k)/\sigma^x<0$	$(\phi'r/\phi)(u_w/\sigma^x)<0$

表 3 ― 3　課税・補助の組み合わせ(2)：タイプC

	C-WK	C-WR	C-WX'Y	C-WXˢ
t^w	$(u_d - u_w)/\sigma^x < 0$ if $|u_d| > |u_w|$	$(u_k - u_w)/\sigma^x > 0$	$(u_d - u_w)/\sigma^x < 0$ if $|u_d| > |u_w|$	$[(u_d/\sigma^x) + J]/(1-\phi)$
t^k	$(u_d - u_k)/\sigma^x < 0$	0	0	0
$t^1 + t^2$	0	$(u_d - u_k)/\sigma^x < 0$	0	0
t^{xy}	0	0	$(g_x/g_k)[(u_k - u_d)/\sigma^x] > 0$	0
t^y	0	0	$(1/g_k)[(u_d - u_k)/\sigma^x] < 0$	0
t^{xs}	0	0	0	$[\phi'r/(1-\phi)][(u_d - u_k)/\sigma^x] < 0$

	C-KR	C-KXˢ	C-RX'Y	C-RXˢ	C-X'YXˢ
t^w	0	0	0	0	0
t^k	$(u_w - u_k)/\sigma^x < 0$	$[(u_d/\sigma^x) + J]/\phi$	0	0	0
$t^1 + t^2$	$(u_d - u_w)/\sigma^x < 0$ if $|u_d| > |u_w|$	0	$(u_d - u_w)/\sigma^x < 0$ if $|u_d| > |u_w|$	$(u_d/\sigma^x) + J$	0
t^{xy}	0	0	$(g_x/g_k)[(u_k - u_w)/\sigma^x] > 0$	0	$-(g_x/g_k)[(u_d/\sigma^x) + J]/\phi$
t^y	0	0	$(1/g_k)[(u_w - u_k)/\sigma^x] < 0$	0	$(1/g_k)[(u_d/\sigma^x) + J]/\phi$
t^{xs}	0	$(\phi'r/\phi)[(u_w - u_d)/\sigma^x] > 0$ if $|u_d| > |u_w|$	0	$\phi'r(u_w - u_k)/\sigma^x < 0$	$(\phi'r/\phi)[(u_w - u_d)/\sigma^x] > 0$ if $|u_d| > |u_w|$

表 3 — 4 課税・補助の組み合わせ(3)：タイプX^c

	X^c-WKY	X^c-WRY	X^c-WX^{Y}Y	X^c-WYX^s
t^w	$(u_d-u_w)/\sigma^x<0$ if $\|u_d\|>\|u_w\|$	$(u_k-u_w)/\sigma^x>0$	$(u_d-u_w)/\sigma^x<0$ if $\|u_d\|>\|u_w\|$	$[(u_d/\sigma^x)+J]/(1-\phi)$
t^k	$(u_d-u_k)/\sigma^x<0$	0	0	0
t^1+t^2	0	$(u_d-u_k)/\sigma^x<0$	0	0
t^{xy}	0	0	$(g_x/g_k)[(u_k-u_d)/\sigma^x]>0$	0
t^y	$-f_y(u_d/\sigma^x)>0$	$-f_y(u_d/\sigma^x)>0$	$-f_y(u_d/\sigma^x)+(1/g_k)[(u_d-u_k)/\sigma^x]$	$-f_y(u_d/\sigma^x)>0$
t^{xs}	0	0	0	$[\phi'r/(1-\phi)][(u_d-u_k)/\sigma^x]<0$

	X^c-KRY	X^c-KYX^s	X^c-RX^{Y}Y	X^c-RYX^s	X^c-X^{Y}YX^s
t^w	0	0	0	0	0
t^k	$(u_w-u_k)/\sigma^x<0$	$[(u_d/\sigma^x)+J]/\phi$	0	0	0
t^1+t^2	$(u_d-u_w)/\sigma^x<0$ if $\|u_d\|>\|u_w\|$	0	$(u_d-u_w)/\sigma^x<0$ if $\|u_d\|>\|u_w\|$	$(u_d/\sigma^x)+J$	0
t^{xy}	0	0	$(g_x/g_k)[(u_k-u_w)/\sigma^x]>0$	0	$-(g_x/g_h)[(u_d/\sigma^x)+J]/\phi$
t^y	$-f_y(u_d/\sigma^x)>0$	$-f_y(u_d/\sigma^x)>0$	$-f_y(u_d/\sigma^x)+(1/g_k)[(u_w-u_k)/\sigma^x]$	$-f_y(u_d/\sigma^x)>0$	$-f_y(u_d/\sigma^x)+(1/g_h)[(u_d/\sigma^x)+J]/\phi$
t^{xs}	0	$(\phi'r/\phi)[(u_w-u_d)/\sigma^x]>0$ if $\|u_d\|>\|u_w\|$	0	$\phi'r(u_w-u_k)/\sigma^x<0$	$(\phi'r/\phi)[(u_w-u_d)/\sigma^x]>0$ if $\|u_d\|>\|u_w\|$

第3章　課徴金・補助金の設定方法　　69

（1）各組み合わせの中で，課税または補助の最少は2つであり，その組み合わせは12通り存在する。具体的には，D-WK，D-WR，D-WX^S，D-KR，D-KX^S，D-RX^S（以上タイプD），C-WK，C-WR，C-WX^S，C-KR，C-KX^S，C-RX^S（以上タイプC）である[16]。

（2）（1）のうち，明らかな課税と補助の組み合わせは，4通り存在する。すなわち，D-WK，D-WR，D-KR（以上タイプD），C-WR（以上タイプC）である。特に，D-KRでは，再生資源に「課税」される。

（3）もし，(3-38)式で示されるJがパレート最適において正であるならば，（1）のD-WX^S，D-KX^S，D-RX^{S}の3通りは，課税と補助によって構成される。また，これらの組み合わせにおいて，いずれも再資源化の労働に補助がなされる。

（4）もしパレート最適において，不法投棄による限界不効用の絶対値が廃棄物処分による同様の値より大きいならば，すなわち$|u_d|>|u_w|$ならば，（1）のC-WKとC-KRは補助金のみによって構成される。

（5）製品原料への補助は，それを生産する労働への課税と組み合わせなければならない。例えば，D-WX^{Y}Y，D-RX^{Y}Y，C-WX^{Y}Y，C-RX^{Y}Yがそれに該当する。一方，タイプX^{c}では，製品生産の労働に課税されることもあり，X^c-WX^{Y}YまたはX^c-RX^{Y}Yにおいて原料に補助されるかどうかは不明である。

（6）C-KRは，図3-1の循環資源に対応した組み合わせであり，政策体系としてわかりやすい。製品の販売に課税される一方，再生資源の利用には補助される。そして，もし$|u_d|>|u_w|$ならば，使用済み製品に補助される。

3-6　課徴金・補助金の選択

前節までに得られた結果をもとに，本節では最終的に，以下の3つの性質を満たす「課税・補助ルール」を選び出す。その性質とは，3つの経済主体のう

16）　なお，タイプX^{c}の組み合わせはこれに該当しない。

70　　　　　　　　　　　　第 2 部　政策の選択

ち 2 つに課税あるいは補助が設定されるもの，かつそのうち，各経済主体が支
払う税の総額の符号が明らかであるもの，さらに，経済の動脈側と静脈側のそ
れぞれに課税か補助が設定されるもの，である。

　このような条件に基づく課税・補助ルールは，政策の対象である経済主体の
数が少ないため，その実施に要する行政的な手間が省ける分だけ，政策当局に
とって有益であるに違いない。かつ，経済主体にとっては，自分にとってそれ
が課税なのか補助なのか，または動脈と静脈のどちら側に政策が設定されるの
かが明確であるため，理解が容易であろう。

　それでは，適切な政策の組み合わせを抽出していこう。

　はじめに，3 つの経済主体のうち 2 つのみに設定される課税・補助ルールを，
2 種類の表を使って示そう。表 3 - 5 は，消費者と再資源化業者を政策対象と
する課税・補助ルール（α）である。一方，表 3 - 6 は，生産者と再資源化業
者に政策が設定される課税・補助ルール（β）である。ちなみに，消費者と生
産者のみに設定されるような政策は存在しない。

　表 3 - 5 のルール（α）は12通りの政策（α1～α12）から，表 3 - 6 のルー
ル（β）は13通りの政策（β1～β13）から，それぞれ構成されている。ここで，

表 3 - 5　課税・補助ルール（α）：消費者と再資源化業者

	タイプ	単位当たり		総　　額	
		消費者	再資源化業者	消費者	再資源化業者
α 1	D-WK	$+^D$	$+^W$　$-^K$	$+$	$*$
α 2	D-WR	$+^D$	$+^W$　$-^R$	$+$	$*$
α 3	D-WX^S	$+^D$	$*^W$　$-^{XS}$	$+$	$\pm$
α 4	D-KR	$+^D$	$-^K$　$+^R$	$+$	$*$
α 5	D-KX^S	$+^D$	$*^K$　$-^{XS}$	$+$	$\pm$
α 6	D-RX^S	$+^D$	$*^R$　$-^{XS}$	$+$	$\pm$
α 7	C-WK	$+^C$	$\div^W$　$-^K$	$+$	$\div$
α 8	C-WR	$+^C$	$+^W$　$-^R$	$+$	$\pm$
α 9	C-WX^S	$+^C$	$\pm^W$　$-^{XS}$	$+$	$\pm$
α10	C-KR	$+^C$	$-^K$　$\div^R$	$+$	$\div$
α11	C-KX^S	$+^C$	$\pm^K$　$\#^{XS}$	$+$	$\pm$
α12	C-RX^S	$+^C$	$\pm^R$　$-^{XS}$	$+$	$\pm$

　［注］ ＋：正（＝課税）　　　－：負（＝補助）　　　±：不明（ゼロ含む）
　　　　 *：$J>0$ならば正　　　÷：$|u_d|>|u_e|$ならば負　　#：$|u_d|>|u_e|$ならば正

第3章　課徴金・補助金の設定方法　71

表3-6　課税・補助ルール(β)：生産者と再資源化業者

タイプ		単位当たり		総額	
		生産者	再資源化業者	生産者	再資源化業者
$\beta 1$	$X^c\text{-}WKY$	$+^{xc}\ +^Y$	$\div^W\ -^k$	$+$	$\div$
$\beta 2$	$X^c\text{-}WRY$	$+^{xc}\ +^Y$	$+^W\ -^R$	$+$	$\pm$
$\beta 3$	同上	$+^{xc-R}+^Y$	$+^W$	$\pm$	$+$
$\beta 4$	$X^c\text{-}WX^YY$	$+^{xc}\ \pm^Y$	$\div^W\ +^{xy}$	$\pm$	$\pm$
$\beta 5$	$X^c\text{-}WYX^S$	$+^{xc}\ +^Y$	$\pm^W\ -^{xs}$	$+$	$\pm$
$\beta 6$	$X^c\text{-}KRY$	$+^{xc}\ +^Y$	$-^K\ \div^R$	$+$	$\div$
$\beta 7$	同上	$+^{xc}\div^k+^Y$	$-^K$	$+$	$-$
$\beta 8$	$X^c\text{-}KYX^S$	$+^{xc}\ +^Y$	$\pm^K\ \#^{xs}$	$+$	$\pm$
$\beta 9$	$X^c\text{-}RX^YY$	$+^{xc}\ \pm^Y$	$\div^R\ +^{xy}$	$\pm$	$\pm$
$\beta 10$	同上	$+^{xc}\div^R\pm^Y$	$+^{xy}$	$\pm$	$+$
$\beta 11$	$X^c\text{-}RYX^S$	$+^{xc}\ +^Y$	$\pm^R\ -^{xs}$	$+$	$\pm$
$\beta 12$	同上	$+^{xc}\pm^k+^Y$	$-^{xs}$	$*$	$-$
$\beta 13$	$X^c\text{-}X^YYX^S$	$+^{xc}\ \pm^Y$	$\pm^{xy}\ \#^{xs}$	$\pm$	$\pm$

[注]　＋：正（＝課税）　－：負（＝補助）　±：不明（ゼロ含む）
　　　*：$J>0$ならば正　÷：$|u_d|>|u_w|$ならば負　#：$|u_d|>|u_e|$ならば正

「タイプ」のアルファベットの組み合わせは，表3-2から表3-4で記されている最上段のものに対応している。その隣にある「単位当たり」の列の記号は，各課税率の正負を表しており，＋は正，－は負，±は不確定，＊は(3-38)式のJが正のときに正，÷は$|u_d|>|u_w|$のときに負，#は$|u_d|>|u_w|$のときに正であることを，それぞれ意味している。また，それぞれの記号に付されている上添え字は，当該政策の対象変数である[17]。加えて，課税率に変数を乗じた合計である「総額」の列に示されている記号に関しても，上記と同様である。

　なお，各経済主体の税負担総額を計算する際，ある程度符号を明確にするため，パレート最適において，$y\equiv g(x^y, k)$と$c\equiv f(x^c, y)$はともに1次同次であると仮定している。

　次に，これら2つの表の中から，各経済主体が支払う税の総額の正負がある程度明らかなものを，やはり2つの表で整理する。表3-7は，前述のルール（α）から抽出された，消費者および再資源化業者にそれぞれ課税する3つの

---

17)　見やすさを重視するため，Xの上添え字はXと同じ大きさで記してある。

72　　　　　　　　　　　　　　第2部　政策の選択

表3 — 7　2つの経済主体への課税ルール

タイプ		総　額		
		消費者	生産者	再資源化業者
$\alpha 1$	D-WK	+		*
$\alpha 2$	D-WR	+		*
$\alpha 4$	D-KR	+		*

[注] + : 正 (=課税)　　* : $J>0$ならば正

表3 — 8　各経済主体への課税・補助ルール

タイプ		総　額		
		消費者	生産者	再資源化業者
$\alpha 7$	C-WK	+		÷
$\alpha 10$	C-KR	+		÷
$\beta 1$	X^c-WKY		+	÷
$\beta 6$	X^c-KRY		+	÷
$\beta 7$	X^c-KRY		+	−
$\beta 12$	X^c-RYX^s		*	−

[注] + : 正 (=課税)　　　− : 負 (=補助)
* : $J>0$ならば正　　÷ : $|u_d|>|u_c|$ならば負

組み合わせである。ただし，再資源化業者へ課税されるのは J が正のときで
あって，もしこの値が負ならば，当該業者には補助がなされるべきである。他
方，消費者に対しては，常に不法投棄への罰金が必要である。

　また，**表3 — 8**には，ルール（α）とルール（β）をもとに，課税と補助の
組み合わせを6通り示してある。消費者が製品を購入する段階で常に課税され，
生産者も，$\beta 12$が条件付きであるのを含めて，常に課税される。その一方，再
資源化業者に対しては，不法投棄による外部不経済の深刻さが廃棄物処分のそ
れより大きい限り，どの政策においても補助が行われる。この中で，唯一 $\beta 7$
が，明確な課税と補助の組み合わせである。

　ここで再び，**表3 — 5**と**表3 — 6**に立ち返ろう。**表3 — 9**にはこれらの課
税・補助ルールのうち，モデル経済の動脈側と静脈側にそれぞれ課税か補助が
設定されるような組み合わせを，12通り抜き出して示してある。このような政
策は，消費者または生産者は動脈側に，再資源化業者は静脈側にそれぞれ対応

第3章　課徴金・補助金の設定方法　　73

表 3 ─ 9　動脈側と静脈側に対する設定方法

	タイプ	課税対象 消費者（動脈側）	生産者（動脈側）	再資源化業者（静脈側）	課税＆補助
$\alpha 7$	C-WK	C		W K	○
$\alpha 8$	C-WR	C		W R	
$\alpha 9$	C-WX^s	C		W X^s	
$\alpha 10$	C-KR	C		K R	○
$\alpha 11$	C-KX^s	C		K X^s	
$\alpha 12$	C-RX^s	C		R X^s	
$\beta 1$	X^c-WKY		X^c Y	W K	○
$\beta 2$	X^c-WRY		X^c Y	W R	
$\beta 5$	X^c-WYX^s		X^c Y	W X^s	
$\beta 6$	X^c-KRY		X^c Y	K R	○
$\beta 8$	X^c-KYX^s		X^c Y	K X^s	
$\beta 11$	X^c-RYX^s		X^c Y	R X^s	

しているため，個々の政策の関係が大変わかりやすい。

　ところで，表 3 ─ 9 において，「課税＆補助」の欄に丸を記した政策の組み合わせが 4 つ存在する。これらはいずれも，動脈側のある経済主体に課税するとともに，静脈側の別の経済主体に補助するという，きわめて単純なルールである。$\alpha 7$ と $\alpha 10$ は，動脈側の消費者に課税し，静脈側の再資源化業者に補助する。また，$\beta 1$ と $\beta 6$ は，動脈側の生産者に課税し，静脈側の再資源化業者に補助する。このように，どのような種類の課税・補助が経済の各局面でなされるか，という対応関係が明白であることは，政策を実施する際にかなり有力な根拠となるであろう。

　最後に，前記の 4 つの「課税＆補助」を注意深く見ると，これらの政策が，2 つの課税対象（＝C および X^c-Y）と 2 つの補助対象（＝W-K および K-R）との組み合わせから構成されていることがわかる。図 3 ─ 2 は，その関係を描いたものである。

　このことは，政策当局が政策の候補から適切なものを選ぶ際，いくつかの代替案に直面していることを意味しており，大変興味深い。例えば，動脈側において，もし製品の購入時点で課税するのが何らかの理由で困難であるならば，その生産に投入されるものに課税するという，もう一方の政策案を選ぶべきで

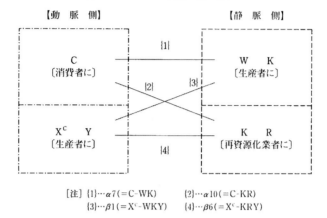

図3-2　4つの政策の組み合わせ

[注] {1}…$\alpha 7(=C-WK)$　　{2}…$\alpha 10(=C-KR)$
　　　{3}…$\beta 1(=X^c-WKY)$　{4}…$\beta 6(=X^c-KRY)$

ある。同様に，静脈側において，処分される廃棄物の量を把握するのが難しい一方，回収される使用済み製品の量をとらえる方がやさしいのであれば，W-Kへの補助ではなく，K-Rへの補助を実施すべきである。

3-7　おわりに

本章では，資源の循環を考慮した循環資源モデルを前提として，各種の外部性を内部化するための課税と補助から構成される，いくつかの課税・補助ルールを明示した。モデルでは，消費者，生産者，再資源化業者の3つの代表的な経済主体を想定し，消費者の限界効用に関連した3種類の外部性の存在を仮定した。

この循環資源モデルで想定した資源の循環はきわめて単純なものではあるものの，最適な課税と補助の組み合わせは27通りにも達した。それらをもとに，まず3つの経済主体のうち，2つに課税あるいは補助が設定されるものを抽出した。次に，それらのうち，各経済主体が支払う税の総額の符号が明らかであるものを示した。その一方，経済の動脈側と静脈側のそれぞれに課税か補助が設定されるものを選び出した。

その結果，動脈側のある経済主体に課税する一方，静脈側の別の経済主体に

第3章 課徴金・補助金の設定方法　　75

補助する，という簡明な課税・補助ルールが，合計で4通り存在することを示した。しかもこれらの政策は，2組の課税対象と2組の補助対象との組み合わせによって構成されており，政策当局にとって選択の幅がそれだけ広いことを意味している。

　第1章の分析から示しているように，資源の循環や外部性をモデルの仮定に組み込むと，それを内部化するために必要な政策の組み合わせは一挙に増える。本章の循環資源モデルにおいて導かれた政策候補は数多いが，いくつかの判断基準を設けることによって，政策当局と政策の対象者の双方にわかりやすいと思われる政策候補を絞り込んだ。このような基準の妥当性には議論の余地があるだろうが，絞り込まれた政策を見ると，どれも現実的なものであることから，設定した基準そのものはそれほど奇妙なものでないと思われる。

　次章では，これまでの分析で仮定してきた再資源化あるいは再生利用に加えて，「再利用」の過程を組み込んだモデルを示した上で，本章の分析と同様，多くの政策候補から適切なものを絞り込む作業を試みる。

第4章 容器を対象とする政策[1]

4－1 はじめに

　本章においては，循環資源として製品の容器を例にとり，新容器の生産，消費者が使用した容器の再利用，および容器の再生利用を考慮した「容器利用モデル」を展開する。再生利用されなかった資源は廃棄物として処分され，外部不経済の原因となると仮定する。そして，その外部性を内部化するための政策の組み合わせを示し，各経済主体の税金の支払いのパターンを分類し比較する。

　この容器利用モデルでは，消費者，容器利用業者，容器製造業者という3つの代表的な経済主体の存在を仮定する。これは基本的に，日本で施行されている「容器包装リサイクル法」で規定している経済主体を念頭に置いている[2]。いずれの経済主体も，モデル経済の動脈側と静脈側の活動に関与している。

　容器製造業者が容器を再生利用した後で，外部性の源泉である廃棄物が処分される。他方，容器の一部は，容器利用業者の手によって再利用される。つまり，このモデルには，再利用と再生利用という2種類の資源循環が組み込んである。これらに新しい容器の生産を加え，容器入り飲料の消費者にとっては互いに無差別である3種類の容器が市場で競争している状況を考慮している[3]。

　本章のモデルの構造は，前章のものより若干複雑である。ただし，この分析

1）　初出："Bottle Targeted Policies in Material Cycles,"『西南学院大学経済学論集』第38巻第4号，31-55頁，2004年2月。

2）　1995年6月16日公布（法律第112号），1997年度より本格施行，2000年度より完全施行。ちなみに，法律上は，特定容器利用事業者，特定容器製造等事業者，特定包装利用事業者という用語が使用されている。

3）　わが国において，ガラスびんのリサイクルの現状と課題を，理論および実証の両面から考察した研究成果として，内閣府経済社会総合研究所編(2002)が興味深い。

では，各種労働に対する課税はできないものと仮定しているため，廃棄物処分に伴う外部不経済を内部化するための政策の組み合わせは，わずか5通りにとどまる。これらをまず，1つの「対廃棄物政策」，2つの「対再生資源政策」，2つの「対容器政策」に分類する。

次に，それぞれの市場取引に携わる経済主体のいずれも「潜在的な税支払者」であると見なすならば，この5通りの政策の組み合わせは，11ものパターンに拡張される。その結果，対容器政策があらゆる経済主体の数の場合に対応しうる一方，他の2つの政策は適用できる状況が限定されていることがわかる。

さらに，対容器政策を3つのケースに分類することによって，各ケースにおいて，関連する経済主体間で税を支払う分担方法と税額の大きさが多岐にわたることが示される。したがって，政策当局にとって，状況に応じた選択の余地が十分にあるといえる。

このような政策的含意を導く際に，簡単化のため，特定の活動あるいは市場取引に伴う責任を負う経済主体は，何らかの法的根拠に基づき，当該活動・取引に関連する税を自ら支払わなければならない，あるいは補助を自ら受け取らなければならないと仮定している。この結びつきの想定を緩めると，結論はかなり複雑なものとなる。

OECD (2001)の有名な「ガイダンス・マニュアル」では，製品の生産者の物理的責任と金銭的責任を消費以降の段階にまで拡大するべきだという，「拡大生産者責任」(EPR)の重要性を提唱している[4]。とはいえ，このマニュアルも認めているように，状況の違いによって責任の具体的内容や分担の形式はさまざまであり，生産者以外にも何らかの形での責任を課すのが一般的である[5]。

4）　EPRの経済学的な分析例として，OECD (2004)や Walls (2006)が挙げられる。

5）　EPR は，環境対策の有名な基本的支柱である「汚染者支払い原則」(PPP)の考え方を発展させたものである。OECD が1972年に提案した PPP は本来，汚染物質の予防や削減の手段に要する費用(the costs of pollution prevention and control measures)を汚染者が負担しなければならないことを主張している ("Recommendation of the Council on Guiding Principles Concerning International Economic Aspects of Environmental Policies" (C(72)128, OECD, 26 May 1972)の Annex I の Paragraph 4)。しかし，主にその費用概念をめぐり，PPP の提案当初から議論の混乱が見られた。PPP を経済学的に整理した研究として，Pezzey (1988)や Żylicz (2000)，あるいは Koide (2006a)を参照されたい。

本章の容器利用モデルは，このように OECD が緩やかに規定している物理的責任と金銭的責任の関係を明示的に組み込んでおり，この種の複雑な問題を経済理論的に検討するための１つの枠組みを提起しうる。

４－２　モ デ ル

本節では，まず容器利用モデルの諸仮定を導入する。モデルで前提としている代表的な経済主体は３種類であり，消費者，容器利用業者，容器製造業者である。いずれの主体も，複数の役割を担っている。

消費者は，自らが利用できる時間を，余暇を含めていくつかの活動に費やす。また，消費者は，見た目が完全に代替的な容器に入った飲料を消費し，その使用した容器を，自治体の廃棄物収集業者（モデルでは暗黙裏に仮定）または容器利用業者に引き取ってもらう。自治体の業者は，労働を投入して，この使用済み容器を適正に処理すると仮定する。

他方，容器利用業者は，消費者に容器入り飲料を販売する一方で，消費者からその使用済み容器を回収し，さらにその容器の一部を再利用するとしよう。容器利用業者が再利用しなかったものは「潜在的な再生資源」として，容器製造業者に引き渡される。同製造業者は，この資源をもとに再生容器を作る一方，新容器も製造する。なお，いずれの容器の加工においても，労働が投入される。また，３種類の容器について，容器入り飲料を販売する容器利用業者はそれらを完全に区別できる一方，消費者は区別できないものと仮定する。

図４－１は，この容器利用モデルの物質循環を描いたものである。この図において，モデル経済を動脈側と静脈側に分けてある。動脈側では，容器そのものおよび容器入り飲料の生産と消費が行われる。他方，静脈側は，容器の回収，再利用および再生利用が行われる局面である。また，表４－１は，それぞれの経済主体の活動に関連する変数を，動脈側と静脈側で分けて整理したものである。

以下では，この図表を前提に，容器利用モデルの数学的仮定を列挙しよう。まず，動脈側から説明を始める。

完全競争市場において容器入り飲料が消費者に販売されており，その総量を

第4章 容器を対象とする政策　　　　79

図4-1　容器利用モデルの概略

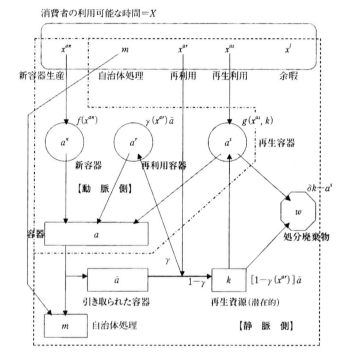

a とする。容器は合計3種類存在し，その内訳は，新しい容器 a^n，再利用された容器 a^r，再生利用された容器 a^s である。これより，$a=a^n+a^r+a^s$ という等式が成立する[6]。また，前述のように，容器入り飲料を販売する容器利用業者はこれらの容器を完全に区別できる一方，消費者にとってこれらは無差別であると仮定する。

新しい容器 a^n は，容器製造業者が労働 x^{an} を投入することによって生産され，その関係を，$a^n \equiv f(x^{an})$ という関数で表現することにしよう。本書のこれまでの分析と同様に，関数の中に他の生産要素の存在を考慮することも可能だが，ここでは極力単純な想定にとどめている。また，新容器の限界生産物に関しては，$f'>0, f''<0$ を仮定する。

---
6) ここでは簡単化のため，1単位の容器が1単位の飲料に相当すると仮定する。したがって，容器の量をそのまま消費量と解釈する。

80　　　　　　　　　　　　第2部　政策の選択

表4－1　3つの経済主体と関連する変数

　容器入り飲料が消費された後，使用した容器について，消費者は2つの選択肢に直面する。1つは，自治体の廃棄物収集業者に回収，ならびに適正処理をしてもらうことである。もう1つは，有用資源として，容器利用業者に引き取ってもらうことである。それぞれの引取量を，m および $\tilde{a}$ で表そう。この容器利用モデルでは，消費者による不法投棄の可能性を無視するので，使用済み容器の供給量と総引取量が一致しなければならない。つまり，$a = m + \tilde{a}$ という物質収支を前提とする。

　次に，静脈側に関する諸仮定を示そう。容器利用業者は，消費者から受け取った使用済み容器について，2つの選択肢をもつと仮定する。1つは，自ら労働 x^{ar} を投入することによって，再利用の容器 a^r を生産することである。もう1つは，容器製造業者に，潜在的な再生資源 k として引き渡すことである。

　ここで，容器利用業者が引き取った容器のうち再利用する割合，すなわち再利用率を，$\gamma(x^{ar})$ と定義し，その限界生産物に関して，$\gamma' > 0, \gamma'' < 0$ を仮定する。また，この再利用率を使って，再利用容器を $a^r \equiv \gamma(x^{ar})\tilde{a}$，潜在的な再生資源を $k \equiv [1 - \gamma(x^{ar})]\tilde{a}$ とそれぞれ表現する。なお，$\tilde{a}$ は容器利用業者が消費者から引き取った容器の量，$1 - \gamma(x^{ar})$ は同利用業者が再利用しない容器の割

合である。この物質収支の関係より，$\tilde{a} \equiv a^r + k$ が常に成り立つことに注意しよう。

　容器製造業者は前述の新容器のほか，労働 x^{as} と再生資源 k を用いて，再生利用の容器 a^s を生産する。この関係を，$a^s \equiv g(x^{as}, k)$ という形で定義し，かつその限界生産物について，$g_x > 0, g_k > 0, g_{xx} < 0, g_{kk} < 0$ を仮定する。

　さて，この容器利用モデルにおける廃棄物（＝外部不経済の源泉）の量は，$w \equiv \delta k - a^s = \delta k - g(x^{as}, k)$，すなわち，再生に伴い発生する廃棄物の量 δk から，容器として再生された量 a^s を除いた大きさで表される。ここで，δ は，廃棄物の量を再生容器の単位と揃えるための正の排出係数である。この定義式より，再生過程の労働を増やせば廃棄物が減ることは明らかだが（$-g_x < 0$），再生資源を増やすことで廃棄物が減るかどうかは一様ではない（$\delta - g_k$ の符号は不定）。

　このモデルにおける代表的消費者の効用を，$u \equiv u(a, x^l, m, w)$ という関数で定義する。ここで，x^l は余暇の量であり，加えて，各限界効用に関して，$u_a > 0, u_x > 0, u_m > 0, u_w < 0$ を仮定する。つまり，容器入り飲料の消費，余暇，自治体による使用済み容器の適正処理の増加によって効用が高くなる一方，最終的に処分される廃棄物の増加によって効用は低くなる。さらに，効用最大化の2階条件を満たすため，効用の2階偏導関数はすべて負であると仮定しよう。

　最後に，消費者が利用可能な時間 X の配分に関する制約として，$X = x^{an} + m + x^{ar} + x^{as} + x^l$ を仮定する。ここでは単純化のため，自治体の廃棄物収集業に投入される労働 m が，その成果である適正処理量に等しいものと仮定している。

4－3　パレート最適

　本節では，このモデル経済における最適資源配分を達成するパレート最適条件を導出する。以上で導入した数学的仮定を使い，次のようなラグランジュ関数を定義する。

82 　　　　　　　　　　第 2 部　政策の選択

$$
\begin{aligned}
L \equiv\, & u(a, x^l, m, \delta k - g(x^{as}, k)) \\
& + \lambda[f(x^{an}) + \gamma(x^{ar})\tilde{a} + g(x^{as}, k) - a] \\
& + \mu[a - m - \tilde{a}] + \eta[(1 - \gamma(x^{ar}))\tilde{a} - k] \\
& + \sigma[X - x^{an} - m - x^{ar} - x^{as} - x^l].
\end{aligned}
\tag{4-1}
$$

ここで，効用関数に続く $\lambda, \mu, \eta, \sigma$ は，それぞれの対応する制約式のラグランジュ乗数である。

　以下では，すべての変数について内点解を仮定し，かつ，制約式はすべて等号で成立すると仮定する。このとき，パレート最適を実現する 1 階条件は，次に示す通りである。

$$
u_a = \lambda - \mu, \tag{4-2}
$$

$$
u_x = \sigma, \tag{4-3}
$$

$$
u_m = \mu + \sigma, \tag{4-4}
$$

$$
u_w(\delta - g_k) + \lambda g_k - \eta = 0, \tag{4-5}
$$

$$
-u_w g_x + \lambda g_x - \sigma = 0, \tag{4-6}
$$

$$
f' = \frac{\sigma}{\lambda}, \tag{4-7}
$$

$$
\gamma' \tilde{a}(\lambda - \eta) - \sigma = 0, \tag{4-8}
$$

$$
\lambda \gamma - \mu + \eta(1 - \gamma) = 0. \tag{4-9}
$$

また，関数形の仮定から，効用最大化の 2 階条件はすべて満たされる。

　これらのパレート最適条件を用いて，以下の 2 つの命題を得ることができる。1 つめは，ラグランジュ乗数，すなわち潜在価格の大小関係についての命題である。

《命題 1 》容器入り飲料の潜在価格は，使用済み容器の潜在価格より高い。また，使用済み容器の潜在価格は，（潜在的な）再生資源の潜在価格より高い。つまり，$\lambda > \mu > \eta$ である。

〈証明〉まず(4-2)式より，容器入り飲料の限界効用が正であるためには，$\lambda > \mu$ でなければならない。次に，(4-8)式より，労働の潜在価格が正であるため

第 4 章　容器を対象とする政策　　　　　83

には，$\lambda > \eta$ でなければならない。そして，(4-9)式を変形すると，$\mu = \gamma(\lambda - \eta) + \eta > \eta$ という関係が得られるため，$\lambda > \mu > \eta$ が結論される。(了)

ちなみに，再生資源の潜在価格は，(4-5)式より，

$$\eta = g_k(\lambda - u_w) + \delta u_w \tag{4-10}$$

である。(4-10)式の右辺第 1 項は正であり，同第 2 項は負であるから，この潜在価格の符号は定かではない。ただし以下では，この価格が正であると仮定する。また，(4-7)式より，容器自体の潜在価格 λ が正であることから，(4-9)式を変形すると，

$$\mu = \gamma\lambda + (1 - \gamma)\eta > 0 \tag{4-11}$$

であることがわかる。

次に，2 つめの命題は，容器の生産の限界費用に関する命題である。容器に対する 3 種類の経済活動について，次のことが明らかである。

《命題 2 》 使用済み容器を再生利用するための限界費用は，新しい容器の生産の限界費用より高い。また，再生資源の潜在価格が正であるならば，新しい容器を生産する限界費用は使用済み容器の再利用の限界費用より高い。

〈証明〉容器の再生利用，新容器の生産，および容器の再利用の限界費用はそれぞれ，σ/g_x，σ/f'，$\sigma/\gamma'\bar{a}$ で表される。各限界費用は，労働の潜在価格にその限界生産物の逆数を掛け合わせた値に等しい。ここで，(4-6)式から(4-8)式を組み合わせることによって，$\sigma/g_x = \lambda - u_w > \lambda = \sigma/f' > \lambda - \eta = \sigma/\gamma'\bar{a}$ という関係を得る。ただし，右側の不等号は，再生資源の潜在価格 η が正である場合のみに成立する。(了)

ここで，パレート最適において，処分廃棄物に関連する限界不効用 u_w がゼロである特殊例を考えてみよう。このとき，容器の再生利用と新生産の限界費用の格差がなくなるが，もう一方の格差は依然として残る。なお，言うまでもなく，再生資源の潜在価格が負であるならば，再利用の限界費用が新生産のそ

84　　　　　　　　　　　　第2部　政策の選択

れを上回る。ただしそのときも，容器の再生利用に最も費用がかかる点には変
わりはない。

4 － 4　競争均衡

　この節では，分権的経済における競争均衡条件を示す。処分される廃棄物の
量は消費者にとって与件であり，このことが外部不経済を生むものと仮定する。
なお，このモデル経済のすべての市場は完全競争的であるとしよう。
　まず，代表的な消費者は，次のように表される効用を最大化すると仮定する。

$$u \equiv u(a, x^l, m, \overline{w}). \tag{4-12}$$

ここで，消費者は廃棄物の量 $\overline{w}$ を制御することはできない。また，消費者の直
面する制約式は，前述の物質収支 $a = m + \tilde{a}$ と，予算制約を表す

$$p^x(X - x^l) = p^a a + p^m m + (p^{\tilde{a}} + t^{\tilde{a}}) \tilde{a} \tag{4-13}$$

である。(4-13)式の $p^x, p^a, p^m, p^{\tilde{a}}$ はそれぞれ，労働の賃金率，容器入り飲料の
市場価格，自治体の収集業者への使用済み容器の引渡価格，および容器利用業
者への同容器の引渡価格である。また，$t^{\tilde{a}}$ は，容器利用業者に引き渡される容
器に対する課税率である。
　これらの前提をもとに，消費者は，次のラグランジュ関数で示された制約付
き効用最大化問題を解く。

$$
\begin{aligned}
L^x \equiv &u(a, x^l, m, \overline{w}) + \mu^x[a - m - \tilde{a}] \\
&+ \sigma^x[p^x(X - x^l) - p^a a - p^m m - (p^{\tilde{a}} + t^{\tilde{a}}) \tilde{a}].
\end{aligned}
\tag{4-14}
$$

この問題から導かれる1階条件は，下記の通りである。なお，以下ではすべて
内点解を仮定し，制約式はいずれも等号で成立すると仮定する。

$$u_a = \sigma^x p^a - \mu^x, \tag{4-15}$$

$$u_x = \sigma^x p^x, \tag{4-16}$$

$$u_m = \mu^x + \sigma^x p^m, \tag{4-17}$$

$$\mu^x = -\sigma^x p^{\tilde{a}} - \sigma^x t^{\tilde{a}}. \tag{4-18}$$

続いて，容器利用業者は，次の式で表される利潤を最大化するものと仮定する。

$$\begin{aligned}
\pi^c \equiv\ & p^a (a^n + \gamma(x^{ar})\,\tilde{a} + a^s) - p^{an} a^n + p^{\tilde{a}}\,\tilde{a} \\
& - p^x x^{ar} - t^{ar} \gamma(x^{ar})\,\tilde{a} - p^{as} a^s - (p^k + t^k)\,k \\
& + \eta^x [(1 - \gamma(x^{ar}))\,\tilde{a} - k].
\end{aligned} \tag{4-19}$$

ここで，p^{an}, p^{as}, p^kはそれぞれ，新しい容器の市場価格，再生容器の市場価格，および再生資源の市場価格である。加えて，t^{ar}, t^kは，再利用容器および再生資源への課税率である。なお，このモデルでは，各種労働に対しては課税しないと仮定している。また，この制約付き利潤の制約式は，前述の定義式そのものである。

この利潤最大化の1階条件は，以下に列挙する通りである。

$$p^a = p^{an} = p^{as}, \tag{4-20}$$

$$\gamma'\tilde{a}(p^a - t^{ar} - \eta^x) = p^x, \tag{4-21}$$

$$-p^{\tilde{a}} = \gamma(p^a - t^{ar}) + (1 - \gamma)\,\eta^x. \tag{4-22}$$

$$\eta^x = -p^k - t^k. \tag{4-23}$$

最後に，容器製造業者の利潤関数を，次のように定義する。

$$\begin{aligned}
\pi^r \equiv\ & (p^{an} - t^{an}) f(x^{an}) + (p^{as} - t^{as}) g(x^{as}, k) \\
& - p^x (x^{an} + x^{as}) + p^k k - t^w (\delta k - g(x^{as}, k)).
\end{aligned} \tag{4-24}$$

この式のt^{an}, t^{as}, t^wはそれぞれ，新容器，再生容器，および処分廃棄物への課税率を表している。廃棄物の課税率に掛けてある値は，前述の廃棄物量の定義である。

容器製造業者の利潤最大化の1階条件は，次の通りである。

$$(p^{an} - t^{an}) f' = p^x, \tag{4-25}$$

$$(p^{as} + t^w - t^{as}) g_x = p^x, \tag{4-26}$$

$$-p^k = -t^w (\delta - g_k) + (p^{as} - t^{as}) g_k. \tag{4-27}$$

4 − 5 最適政策の導出

以下では，パレート最適条件と競争均衡条件が一致するための条件を挙げ，政策当局が外部不経済を内部化するために必要とする最適な政策の組み合わせを整理する。その上で，税の支払いに関与する経済主体の数に応じた，政策の組み合わせの「拡張版」を示す。

まず，パレート最適において，労働の賃金率が，時間の（社会的）限界効用を所得の（私的）限界効用で割ったものに等しくなければならない，すなわち，

$$p^x = \frac{\sigma}{\sigma^x} \tag{4-28}$$

である。加えて，以下の等式が必要である。

$$p^m = p^x - t^{an} = p^x - t^{an} + t^{ar} + t^{\mathit{q}}, \tag{4-29}$$

$$p^a = p^{an} = p^{as} = \frac{\lambda}{\sigma^x} + t^{an}, \tag{4-30}$$

$$p^{\mathit{q}} = -\frac{\mu}{\sigma^x} - t^{an} - t^{\mathit{q}}, \tag{4-31}$$

$$\mu^x = \mu + \sigma^x t^{an}, \tag{4-32}$$

$$\eta^x = \frac{\eta}{\sigma^x} + t^{an} - t^{ar}. \tag{4-33}$$

なお，(4-29)式より，2つの課税率の関係として，

$$t^{\mathit{q}} = -t^{ar} \tag{4-34}$$

が成立しなければならないことがわかる。

さらに，この分析において主要な課税率は，次の2つの式から決定される。

$$t^w - t^{as} + t^{an} = -\frac{u_w}{\sigma^x}, \tag{4-35}$$

$$(\delta - g_k) t^w + g_k t^{as} + (1 - g_k) t^{an} + t^k - t^{ar} = -(\delta - g_k) \frac{u_w}{\sigma^x}. \tag{4-36}$$

第 4 章　容器を対象とする政策　　　　　　　　　87

(4-35)式と(4-36)式を見ると，何種類かの課税は必要であるものの，すべての課税が同時に必要ではないことがわかる。

表 4 - 2 は，計 6 種類の課税率のうち，できるだけ少ない課税率の組み合わせを整理したものである。最上段に記されているアルファベットは，課税または補助の対象である変数を示している。

また，参考までに**表 4 - 3** には，これらの政策の組み合わせに対応した市場価格と潜在価格をまとめてある。注意すべきは，容器利用業者への引渡価格 $p^{ñ}$ が，(4-11)式のもとでは常に負である，という点である。つまり，同利用業者は使用済み容器の引き取りの際に，消費者に返金しなければならない。

表 4 - 2 に戻ろう。この中で，政策当局にとって最も単純なのは，外部性の源泉である廃棄物に適切な課税を行う政策（＝第 1 列の W）である。このときの課税率は，パレート最適での限界不効用の貨幣評価額 $-u_w/\sigma^x$ である。この場合，他の政策は不要である。この課税方法は，原理的にはピグー税と同義であり，以下では「対廃棄物政策」とよぶ。

この対廃棄物政策が何らかの理由により実施不可能であったとしても，これ

表 4 - 2　5 通りの政策の組み合わせ

	W 対廃棄物	$A^s K$ 対再生資源	$A^` A^k \tilde{A}$ 対容器	$A^` K$ 対再生資源	$A^` A^k \tilde{A}$ 対容器
t^w	$-u_w/\sigma^x>0$	0	0	0	0
t^{as}	0	$u_w/\sigma^x<0$	$u_w/\sigma^x<0$	0	0
t^{an}	0	0	0	$-u_w/\sigma^x>0$	$-u_w/\sigma^x>0$
t^k	0	$-\delta u_w/\sigma^x>0$	0	$(1-\delta)u_w/\sigma^x$	0
t^{ar}	0	0	$\delta u_w/\sigma^x<0$	0	$(\delta-1)u_w/\sigma^x$
t^d	0	0	$-\delta u_w/\sigma^x>0$	0	$(1-\delta)u_w/\sigma^x$

表 4 - 3　市場価格と潜在価格

	W	$A^` K$	$A^s A^k \tilde{A}$	$A^` K$	$A^s A^k \tilde{A}$
p^m	p^x	p^x	p^x	p^x+u_w/σ^x	p^x+u_w/σ^x
p^a	λ/σ^x	λ/σ^x	λ/σ^x	$(\lambda-u_w)/\sigma^x$	$(\lambda-u_w)/\sigma^x$
$p^{ñ}$	$-\mu/\sigma^x$	$-\mu/\sigma^x$	$(\delta u_w-\mu)/\sigma^x$	$(u_w-\mu)/\sigma^x$	$(\delta u_w-\mu)/\sigma^x$
μ^x	μ	μ	μ	$\mu-u_w$	$\mu-u_w$
η^x	η/σ^x	η/σ^x	$(\eta-\delta u_w)/\sigma^x$	$(\eta-u_w)/\sigma^x$	$(\eta-\delta u_w)/\sigma^x$

と代替的な政策として，2つの課税・補助の組み合わせ（＝A^SK, A^NK）と，3つの課税・補助の組み合わせ（＝$A^SA^R\bar{A}$, $A^NA^R\bar{A}$）が存在する。前者の組み合わせはいずれも再生資源kを対象に含んでいることから，必要に応じて「対再生資源政策」とよぶことにする。

他方，3つの課税・補助から成る組み合わせでは，容器利用業者によって再利用される容器a^rと引き取られる容器$\bar{a}$の2つが共通の政策対象である。(4-34)式が示しているように，再利用容器に対して政策を設定する場合，その効果を打ち消すための補完的な政策がもう1つ必要である。そして興味深いことに，これらの政策はいずれも，容器のみを対象にしている。そこで，これらの組み合わせを以下では，「対容器政策」とよぶことにする。

なお，表4-2に関してもう1つ興味深いのは，容器利用業者の使用済み容器の回収において，政策の組み合わせが「デポジット（・リファンド）制度」に似ている，という点である。例えば，第3列を下の方から見ると，引取量である$\bar{a}$には課税すなわち「デポジット」が，再利用量a^rと再生利用量a^sにはそれぞれ補助つまり「リファンド」が適用されている。また，第5列では，もし正の係数δが1より大きければ，引き取りおよび新容器生産にはデポジットが，再利用にはリファンドが適用されると解釈することができる[7]。

さてここで，表4-2で示された政策をできるだけ「拡張」してみよう。もし，それぞれの市場取引に携わる経済主体のいずれもが潜在的な税支払者となりうるとするならば（この解釈に数理的な問題はない），この5通りの組み合わせはどの程度拡張されるだろうか。

表4-4は，そのような方針に基づいて，表4-2で示した政策の組み合わせを拡張したものである。上から順に，すべての経済主体に対する政策，そのうち2つの経済主体に対する政策，そして1つの経済主体のみに対する政策を並べてある。

表4-4を上から下に見ると，対容器政策すなわち$A^SA^R\bar{A}$と$A^NA^R\bar{A}$につ

7）通常，デポジット制度と聞くと，「消費者」の製品購入および廃棄に対して「同額のデポジット＝リファンド」を課すことを想像するが，同種の行為であれば消費者以外の経済主体であっても構わないし，金銭の授受を複数の経済主体に拡張しても問題はない。さらに言えば，デポジットとリファンドが同額である必要もなく，それぞれの値が，外部効果を適切に内部化する値に設定されてさえいればよい。

いては，経済主体数のすべての場合に対応した組み合わせが存在することがわかる。その一方で，対再生資源政策は1経済主体と2経済主体，対廃棄物政策は1経済主体のみに適用できる。つまり，それだけ政策の多様性は限定的であるといえる。

以下の分析では，経済主体間での課税・補助の分担方法とそれらの額の大きさを詳細に示すため，多様な組み合わせから構成される対容器政策に着目する。その理由として，容器のみが対象であるというわかりやすさに加えて，あらゆる経済主体の数に対応できるという柔軟性が挙げられる。

冒頭で述べたように，この容器利用モデルでは，特定の活動あるいは市場取引に付随する責任を負う経済主体は，何らかの法的根拠に基づき，当該活動や取引に関連する税を自ら支払わなければならない，あるいは補助を自ら受け取らなければならないと仮定している。もちろん，政策に伴う「実際の負担」は，「税の転嫁と帰着」の原理によって，取引に関係する両経済主体がそれぞれあ

表4－4　政策の組み合わせ：拡張版

《3経済主体》

	$A^S A^K \tilde{A}$	$A^N A^K \tilde{A}$
消　費　者	$+^{\tilde{A}}$	$\pm^{\tilde{A}}$
利用業者	$-^{AK}$	$\pm^{AK}$
製造業者	$-^{AS}$	$+^{AN}$

《2経済主体》

	$A^S K$		$A^S A^K \tilde{A}$		$A^N K$		$A^N A^K \tilde{A}$	
消　費　者	…	…	$+^{\tilde{A}}$	…	…	…	$\pm^{\tilde{A}}$	…
利用業者	$-^{AS}$	$+^{K}$	$-^{AS,AK}$	$+^{AN}$	$\pm^{K}$	…	$+^{AN,AK}$	$\pm^{AK,\tilde{A}}$
製造業者	$+^{K}$	$-^{AS}$	…	…	$\pm^{K}$	$+^{AN}$	…	$+^{AN}$

《1経済主体》

	W	$A^S K$	$A^S A^K \tilde{A}$	$A^N K$	$A^N A^K \tilde{A}$
消　費　者	…	…	…	…	…
利用業者	…	+	…	+	+
製造業者	+	…	+	…	+

[注]　＋：純支払い　　―：純受け取り　　±：不明　　上添え字：課税対象（1経済主体では省略）

90　　　　　　　　　　第2部　政策の選択

る程度負うものである。

　しかしここでは，あくまで政策による「形式的な負担」のみに注目する[8]。その結果，1つの政策の組み合わせの中でも，税の支払いのパターンがいくつかありうることがわかる。そして，ある経済主体が政策のために負担する（支払う）金額は，新しい責任が追加された場合であっても必ず増えるとは限らない。というのは，その責任の発生に伴い，その負担をある程度相殺するような新たな補助金を享受できるかもしれないからである。

4 - 6　課税・補助の分担方法

　すでに前節で明らかにしたように，対容器政策には2種類あり，それぞれが3種類のパターンをとりうる。それぞれの政策における税支払額を検討する前に，一方の政策である $A^N A^R \tilde{A}$ を，容器の再生に伴う廃棄物の限界排出 δ が1より大きいか小さいかに応じて，さらに2つの場合に分けておこう。というのは，このパラメータに依存して，税支払額の符号が変わりうるからである。

　つまり以下では，3つのケースについて言及する。

　1つめは，課税対象に再生資源を使った容器 a^s を含めた $A^S A^R \tilde{A}$ であり，これを「ケースS」とよぶ。この場合，使用済み容器の回収に課税される一方，その再利用と再生利用に補助される。

　2つめは，容器の再生に伴う廃棄物の限界排出 δ が1より大きいときの $A^N A^R \tilde{A}$ であり，これを「ケースL」としよう。このとき，新容器の生産と使用済み容器の回収に課税され，その再利用には補助される。

　そして3つめは，δ が1より小さいときの $A^N A^R \tilde{A}$ であり，「ケースM」とよぶ。このケースでは，新容器の生産と使用済み容器の再利用に課税されるとともに，容器の回収に補助される。なお，表4 - 4 の下段から明らかなように，これらすべてのケースに関して，活動の責任および負担のすべてを容器利用業

8）　Fullerton and Metcalf（2002）によると，このような税金の形式的な負担を"statutory incidence"（法律上の負担），実際の負担を"economic incidence"（経済的負担）とよび，厳密に区別している。特に一般均衡分析によって後者を導出する場合，各種関数における代替の弾力性の大小関係が重要である。最近では，Fullerton and Heutel（2007）が一般均衡モデルを用いて，汚染に対する課税がもたらす経済的負担を理論的および定量的に分析している。

第4章 容器を対象とする政策　　　　91

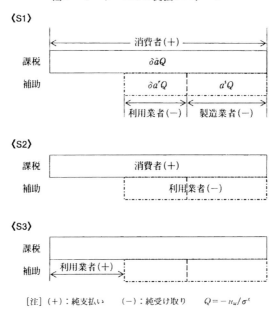

図4－2　ケースSの支払いパターン

者に課すことも可能である。

　まず，図4－2で示したケースSは，δの大小に無関係であること，および容器利用業者と同製造業者との間で課税と補助を分担する必要がないことから[9]，他のケースに比べてわかりやすいといえる。しかし，容器利用業者に容器の再利用だけでなく再生利用の責任をも課した場合，同利用業者と消費者との不公平さは拡大する（S1→S2）。なぜなら，どちらの場合でも消費者は税金を払わなければならない一方，容器利用業者が受け取る補助金は一方的に増えるからである。さらに，S3で示したように，容器利用業者に全責任を負わせるならば，税金から補助金を差し引いた結果，税を支払わなければならないことになる。

　次に，δが1より大きいケースLでは，図4－3で示すように，容器利用業者が受け取る補助金額は相対的に少なくなる。そして，もし同利用業者に責任

9）近接する生産者に対して，課税と補助という正反対の政策をそれぞれ実施するような状況は，両者に同じ種類の政策を行う状況に比べて，より厄介な問題を引き起こしかねないと思われる。

図4-3 ケースLの支払いパターン

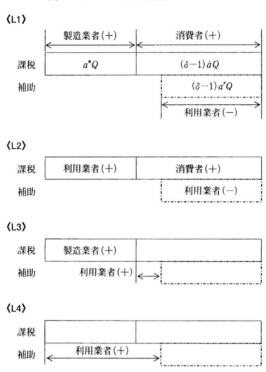

[注] (＋)：純支払い　(－)：純受け取り　$Q=-u_{lc}/\sigma^2$

を追加したならば，同補助金がついには負，つまり課税に転じるかもしれない（L1→L2）。

図4-3において，消費者が使用済み容器の回収に関しても責任を負う場合，L2で見るように，消費者は依然として税を支払わなければならない。しかし，ケースSの同様の状況（＝図4-2のS2）に比べれば，その額は少ない。他方，消費者の責任を考えないならば，容器製造業者は新しい容器の生産に関して，税を支払わなければならない（L3）。そして，最後のL4で示したように，容器利用業者にすべての責任を負わせ，かつ差し引きで税を支払わせる方法もある。

最後に，図4-4で示したのは，δが1より小さいケースMである。容器利

第4章 容器を対象とする政策

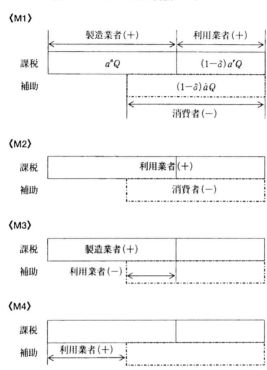

図4－4 ケースMの支払いパターン

用業者に容器の再利用だけではなく新容器生産の責任も課した場合，同利用業者はより多くの税を支払わなければならないが（M1→M2），もし同利用業者に使用済み容器の回収と再利用に責任があるならば，一転して補助金を受け取ることになる（M1→M3）。消費者は常に補助金を受け取る存在であるが（M1とM2），容器製造業者は常に課税される存在である（M1とM3）。なお，これまでのケースと同様に，容器利用業者にすべての責任を負わせ，税を払わせるという方法もある（M4）。

以上，3種類に分けた対容器政策の課税・補助の分担方法を検討したが，単純に物理的責任と金銭的責任を結びつけるだけでも，多くの政策の組み合わせがありうることが明らかとなった。したがって，もしこの2種類の責任を分離

することができると仮定するならば，結果はもっと多彩になるだろう。しかし，その分，理論的根拠は弱くなるかもしれない。

前章と同様，政策当局がこれらの候補の中から，どのような政策の組み合わせを選択すべきかは，その経済が直面している状況に大きく依存する。この容器利用モデルによる分析の後半では，特に形式的な負担に着目した上で，外部性を内部化するためには経済主体間でどのように責任と費用を分担できるかを示した。

4－7　おわりに

本章では，循環資源として製品の容器を例にとり，新容器の生産，消費者が使用した容器の再利用，および容器の再生利用を考慮した容器利用モデルを検討した。

まず，廃棄物の処分に伴う外部不経済を内部化するための政策の組み合わせを示した。それらは，対廃棄物政策，対再生資源政策，対容器政策から構成され，合計5通りである。続いて，それぞれの市場取引に携わる経済主体の両者とも，潜在的な税支払者であると見なすならば，この5通りの政策の組み合わせは，11ものパターンに拡張されることを示した。そして，特に対容器政策を3つのケースに分けた上で，各ケースにおいて，関連する経済主体間で税を支払う分担方法と税額の大きさが多岐にわたることを明らかにした。

また，容器利用業者が使用済み容器を回収する時点を中心に，最適な政策の組み合わせが，いわゆるデポジット制度に似ている点も指摘した。

以上，本書の第2部では，外部性を内部化するための政策の組み合わせをできる限り導出した上で，何らかの判断基準を設け，それに沿って政策候補を選抜することを行った。ただ，政策の候補を導く際に，なるべく多くの課税率をゼロとする方針をとっていた。つまり，ここまでの分析では，択一的な政策の選択に終始していたといえる。

これとは対照的に，第3部のモデル分析では，使用済み製品の「引取料金」の存在を仮定することによって，政策は択一的ではなく，連続的でなければならないような結論を得ることになる。

第3部　引取料金と不法投棄

第5章 引取料金制度と経済的手法[1]

5-1 はじめに

　本章は，日本で2001年度から施行されている「家電リサイクル法」の消費者への各種料金請求制度を前提として，廃家電製品の不法投棄やリサイクリング後の残渣処理によって発生する外部性を内部化するために，政策当局はどのような経済的手法（＝課税と補助）を設定すべきかを明らかにする[2]。家電リサイクル法の下で廃家電製品を排出する際に支払わなければならない「引取料金」に関連して，本章のモデルを，「引取料金モデル」とよぶ。

　家電リサイクル法では，家電製品を使用し排出する事業者と消費者，その廃家電製品を引き取る小売業者，さらにそれを引き取って再商品化等を行う製造業者等に，それぞれ責務としての役割分担が規定されている。また，事業者と消費者は経済的負担として，自らが排出する製品の収集運搬および再商品化等に要する料金を支払うこととされている[3]。そしてその料金は，収集運搬および再商品化等を効率的に行った場合の適正な原価に基づいたものでなければならない[4]。

1）　初出：「家電リサイクル法の料金制度と経済的手法」，西日本理論経済学会編『環境政策と雇用政策の新展開』（『現代経済学研究』第11号）勁草書房，3-24頁，2004年8月。
2）　家電リサイクル法の解説として大塚(2002)や山谷(2002)，外部性の内部化のモデル分析としてFullerton and Kinnaman (2002)を参照されたい。なお，後者と関連して，国際的な学会誌等で発表された近年の理論的成果としては，Walls and Palmer (2001)，Calcott and Walls (2002)，Runkel (2003)，Walls (2003)が挙げられる。これらの論文は，汎用性の高いリサイクリング・モデルを提示しつつ，各々の分析者が重視する問題を議論している。
3）　「事業者及び消費者は，……特定家庭用機器廃棄物を排出する場合にあっては，……収集若しくは運搬をする者又は再商品化等をする者に適切に引き渡し，その求めに応じ料金の支払に応じることにより，……」（家電リサイクル法第6条）。

以下，本章では単純化して，モデルで想定する経済主体を消費者，小売業者，製造業者の三者とする。また，消費者が他の経済主体に支払う料金を，それぞれ「収集運搬料金」，「リサイクル料金」とし，その合計を「引取料金」とよぶ。

その一方で，廃家電製品が不法投棄，あるいはリサイクルされずに残った廃棄物が処理される段階において，市場を経由しない何らかの影響，すなわち外部性が発生すると考えられる。これらの行為が環境や経済に与える影響を貨幣評価するのは，依然として困難な作業であるように思われる。しかし，廃棄物を処理することとリサイクルすることは単なる裏表の関係ではないと指摘し，それぞれに固有の便益あるいは費用を推定し比較する，という研究が徐々に増えつつある点は，大変興味深い[5]。

本章の引取料金モデルでは，前述の家電リサイクルの料金制度を前提に，外部性を適切に内部化するために必要な経済的手法がどのように設定されるべきかを明らかにする。

料金制度が存在することによって，消費者が家電製品を購入する際の課税率と，廃家電製品の不法投棄への罰金率との間に，一種のトレードオフが生じる。すなわち，製品購入時の課税率をゼロとすることができるが，そのとき不法投棄への罰金率は最大となる。他方，廃家電製品の引取料金と収集運搬の限界費用が存在することから，不法投棄への罰金率をゼロとすることはできない。つまり，政策当局が不法投棄に対して最大限の罰金率を設けることができない場合，購入時と投棄時の両方に税金および罰金を設けなければならない。このような含意は，現実の政策の構想に興味ある示唆を与えるものである。

それに加えて，廃家電製品のリサイクリングに対して，政策当局が最低限のリサイクル率を設ける規制的手法が，それまでに導出された経済的手法とどのような代替・補完関係にあるのかについて検討している。

規制的な手法を実施すると，理論的な条件を満たす都合上，その制約に関す

---

4) 「……料金は，特定家庭用機器廃棄物の収集及び運搬を能率的に行った場合における適正な原価を勘案して定められなければならない」（家電リサイクル法第13条第2項），「……料金は，特定家庭用機器廃棄物の再商品化等に必要な行為を能率的に実施した場合における適正な原価を上回るものであってはならない」（家電リサイクル法第20条第2項）。ここで，前者は小売業者，後者は製造業者等に関する条文である。

5) Ackerman (1997)，武田(2000a, 2000b)，Porter (2002)など。

る潜在価格に不連続な区間が生じてしまう．この問題を回避するためには，規制的手法を諦め，経済的手法で代替するしかない．もちろん，規制の対象者である製造業者が，設定されたリサイクル率の下限を十分上回るような「リサイクルの優等生」であるならば，リサイクル率に関する制約は効かないので，以上のような問題は起こらない．

5-2 モデル

本節では，家電製品のリサイクリングを想定した，単純な一般均衡モデルを提示する．以降の説明は，図5-1をもとに進められる．まず，家電製品が使用されてからリサイクル，あるいは廃棄物処理されるまでに関する仮定を説明しよう．

代表的な消費者による家電製品の購入量（＝使用量）を c とし，一定期間の使用後に排出されるものと仮定しよう[6]．また，このモデル経済における消

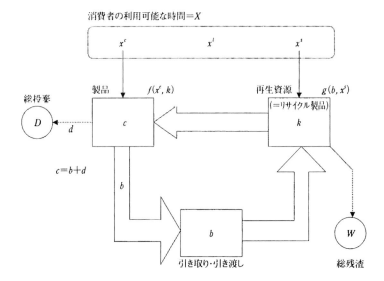

図5-1　引取料金モデルの概略

費者の数を，n^1とする。消費者はその廃家電製品に関して，2つの選択肢をもつ。1つは，小売業者に料金を支払って引き取ってもらう。もう1つは，私的費用をかけずに自ら不法投棄する[7]。

ここで，小売業者の引取量を b，消費者の不法投棄量を d とする。このとき，家電製品の使用後において，次の物質収支条件が成り立つ。

$$c = b + d. \tag{5-1}$$

小売業者に引き取られた廃家電製品はさらに，消費者が支払った料金の一部とともに，製造業者へと引き渡される。製造業者はその廃家電製品と労働を投入し，再生資源であるリサイクル製品を生産する。その関数 g を，次のように仮定する。

$$k \equiv g(b, x^s). \tag{5-2}$$

ここで，k は再生資源の量，b は製造業者の引取量（＝小売業者の引渡量），x^s は労働量である。この関数の偏導関数について，$g_b > 0, g_x > 0, g_{bb} < 0, g_{xx} < 0$ を仮定する。つまり，廃家電製品と労働の限界リサイクル生産物はともに正であり，いずれも逓減する。

また，製造業者による廃家電製品のリサイクル率 ϕ を，次の式で表す。

$$\phi \equiv \frac{k}{b} = \frac{g(b, x^s)}{b}. \tag{5-3}$$

この定義より，廃家電製品の限界リサイクル率は，$\phi_b = (g_b b - r)/b^2$ である。したがって，$\phi < g_b$ ならば限界リサイクル率は正である。逆に，リサイクル率が限界リサイクル生産物を上回るならば，廃家電製品を追加することによってリサイクル率は低下する。

廃家電製品のリサイクリングの段階では，同製品量に比例して廃棄物が発生

6）家電製品が耐久消費財であるという性質から，本章の引取料金モデルのようなフローのみによる議論は妥当でないと思われるかもしれない。しかし，廃家電製品の引き取りからリサイクリングへ至る過程も，多少なりとも時間を要することから，経済全体ではじめから定常状態を想定していると解釈すれば問題はない。

7）仮定を若干追加することによって，不法投棄に私的費用がかかる状況も容易に想定できる。ただし，本章の引取料金モデルではこの可能性を追究しない。

し，それは製造業者によって処理されるものと仮定する[8]。製造業者の数を n^2 とすると，リサイクリング時に発生する廃棄物，すなわち残渣の総量 W は，次のように表される。

$$W \equiv n^2 \delta b. \tag{5-4}$$

ここで，$\delta \in (0, 1)$ は廃棄物の排出係数である。

続いて，再生資源であるリサイクル製品が生産されてから消費者の手に渡るまでの仮定を示そう。小売業者は，製造業者から仕入れた再生資源と労働を投入することによって，最終財としての家電製品 c を消費者に販売する[9]。その生産関数 f を，次のように仮定する。

$$c \equiv f(x^c, k). \tag{5-5}$$

ここで，x^c は労働量，k は再生資源の量である。この(5-5)式の偏導関数について，$f_x > 0, f_k > 0, f_{xx} < 0, f_{kk} < 0$ を仮定する。つまり，労働と再生資源の限界生産物はともに正であり，それらは逓減する。

引取料金モデルにおける代表的消費者の効用関数 u を，次のように定義する。

$$u \equiv u(c, x^l, D, W) = u(c, x^l, n^1 d, n^2 \delta b). \tag{5-6}$$

ただし，x^l は余暇の量，$D \equiv n^1 d$ は総投棄量である。それぞれの変数の限界効用について，$u_c > 0, u_x > 0, u_D < 0, u_W < 0$ を仮定する。すなわち，家電製品の使用量や余暇が増えるにつれて消費者の効用が高まる一方，不法投棄量やリサイクリング後の残渣量が増えるにつれて効用は低くなる。

最後に，このモデルの資源制約式（＝時間制約式）を，次のように仮定する。

---

8) これは，いわゆる「ゼロエミッション」が不可能であることを前提としている。また，廃棄物の処理を他者，例えば廃棄物処理業者に委託すると仮定しても，完全競争を想定する限り，分析結果にほとんど影響はない。

9) この想定は，製造業者に関する仮定の簡単化であるとともに，小売業者が家電製品を販売するために，流通の効率化やマーケティングなどにさまざまな労力を費やしている，という現実を反映したものである。なお，製造業者が再生資源と労働を投入し最終財を生産し，それを小売業者が労働を用いて販売すると仮定しても，モデルが若干複雑になるだけであり，分析の結論に実質的な影響はない。

$$X = x^c + x^s + x^l. \tag{5-7}$$

ここで，X は消費者が利用可能な総時間である。消費者はその限られた時間を，最終財である家電製品の生産，廃家電製品のリサイクリング，余暇に振り分ける。

5－3　パレート最適

本節では，モデル経済における効率的な資源配分問題を示すとともに，パレート最適の諸条件を明らかにする。この問題に対応するラグランジュ関数を，次のように定義する。

$$L \equiv u(c, x^l, n^1 d, n^2 \delta b) \\ + \lambda[f(x^c, g(b, x^s)) - c] + \kappa[c - b - d] + \sigma[X - x^c - x^s - x^l]. \tag{5-8}$$

ここで，λ, κ, σ は，それぞれの制約式に関するラグランジュ乗数である。

簡単化のため，すべての変数について内点解を仮定し，かつすべての制約式が等号で成立すると仮定するならば，パレート最適のための 1 階条件は以下のように表される。

$$u_c + \kappa = \lambda, \tag{5-9}$$

$$u_x = \sigma, \tag{5-10}$$

$$\lambda f_r g_b + n^2 \delta u_W = \kappa, \tag{5-11}$$

$$\lambda f_r g_x = \sigma, \tag{5-12}$$

$$n^1 u_D = \kappa, \tag{5-13}$$

$$\lambda f_x = \sigma. \tag{5-14}$$

なお，関数の仮定より，2 階条件はすべて満足している。

5－4　競争均衡

この節では，消費者，小売業者，製造業者による分権的な意思決定問題を解

第5章 引取料金制度と経済的手法

図5－2　経済主体間のフロー

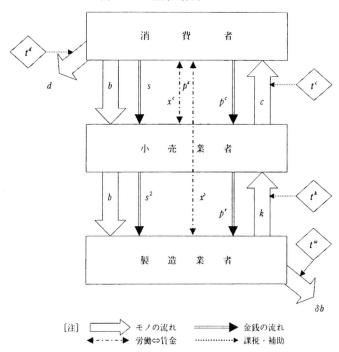

[注] ⇒ モノの流れ　⇒ 金銭の流れ
　　　←---→ 労働⇔賃金　……→ 課税・補助

くことによって，競争均衡条件を導出する。このモデル経済における市場は，いずれも完全競争的であると仮定しよう。各経済主体間での資源および金銭のフローを，図5－2に示す。

まず，消費者は次の式で示される効用を最大化するものと仮定する。

$$u \equiv u(c, x^i, \overline{D}, \overline{W}). \tag{5-15}$$

この中で，バーが付いている2つの変数は，消費者自身が操作できないものである[10]。この消費者は，(5-1)式と同じ物質収支条件に加えて，次の予算制約式に直面していると仮定する。

---
10) この引取料金モデルにおいて，不法投棄は消費者自らによる行為であるが，他人も同様の投棄をする可能性があるので，その総量と限界的影響が予見できず，操作は不能であると考えている。

104　　　　　　　　　　第3部　引取料金と不法投棄

$$p^x(X - x^l) = (p^c + t^c)c + t^d d + sb. \tag{5-16}$$

ここで，p^xは労働の賃金率，p^cは家電製品の販売価格である。また，t^cは家電製品の課税率，t^dは不法投棄の罰金率である。なお，前述の通り，不法投棄行為には私的費用がかからないと仮定している。そして s は，廃家電製品の引取料金率である[11]。

上記の分権的な効用最大化問題に関して，次のラグランジュ関数を定義する。

$$\begin{aligned} L^x &\equiv u(c, x^l, \overline{D}, \overline{W}) \\ &\quad + \kappa^x[c - b - d] + \sigma^x[p^x(X - x^l) - (p^c + t^c)c - t^d d - sb]. \end{aligned} \tag{5-17}$$

効用最大化の1階条件は，次のように整理される。なお，以下の問題ではすべて，内点解の存在を仮定している。

$$\frac{u_c + \kappa^x}{\sigma^x} = p^c + t^c, \tag{5-18}$$

$$\frac{u_x}{\sigma^x} = p^x, \tag{5-19}$$

$$-\frac{\kappa^x}{\sigma^x} = s = t^d. \tag{5-20}$$

まず，(5-18)式は，家電製品の使用による純限界効用の貨幣評価額が，同製品の販売価格と課税率の和に等しいことを意味している。ここで，純限界効用とは，製品を使用することによる限界効用($u_c > 0$)と，使用後の引き渡しに伴う限界不効用($\kappa^x < 0$)の和である。

また，(5-19)式は，余暇の限界効用の貨幣評価額が，労働の賃金率すなわち時間の限界機会費用 p^xに等しいことを意味する。

そして，(5-20)式は，製品使用後の引き渡しに伴う限界不効用の貨幣評価額（の絶対値）が，引き渡し時に支払う料金率，ならびに不法投棄時の罰金率に等しいことを表している。つまり，この限界不効用がゼロでない限り，料金率

---

11)　本章以降のモデルで仮定している（正の）引取料金を，「負のリファンド」と解釈することもできる。したがって，本章以降に示される引取料金率等を横軸にとった図において，原点から左の方向をたどれば，正のリファンドが上昇する場合の政策を確認することができる。

と罰金率はともに正でなければならない。

さて，消費者が支払った引取料金は，収集運搬料金とリサイクル料金に分けられる。引取料金を $S \equiv sb$，収集運搬料金を $S^1 \equiv s^1 b$，リサイクル料金を $S^2 \equiv s^2 r$ としよう。ここで，s^1 は廃家電製品1単位当たりの収集運搬料金，s^2 は再生資源1単位当たりのリサイクル料金である。そして，家電リサイクリングの料金の収支に関して，

$$S \geq S^1 + S^2 \tag{5-21}$$

が満たされているものと仮定する。この式が等号で成立するならば，料金の収支が一致していることになる。

次に，小売業者の制約付き利潤関数が，以下のように表されるものと仮定する。

$$\pi^c \equiv p^c c - p^x x^c + s^1 b - h(b) - (p^k + t^k)k + \lambda^x [f(x^c, k) - c]. \tag{5-22}$$

ここで，$h(b)$ は実際の収集運搬の費用（限界費用について $h' > 0$ を仮定），p^k は再生資源を製造業者から仕入れる際の価格，t^k は同資源の課税率である。(5-22)式において，ラグランジュ乗数を付した制約式は，(5-5)式と同じ生産関数である。

なお，(5-21)式より，小売業者は，消費者から徴収した料金 S のうち，廃家電製品の収集運搬料金 S^1 を受け取り，残りの料金すなわちリサイクル料金 S^2 を，同製品とともに製造業者に引き渡す。

この小売業者の利潤最大化の1階条件は，以下の通りである。

$$\lambda^x = p^c, \tag{5-23}$$

$$\lambda^x f_x = p^x, \tag{5-24}$$

$$s^1 = h', \tag{5-25}$$

$$\lambda^x f_k = p^k + t^k. \tag{5-26}$$

ここで，(5-23)式は，家電製品の潜在価格がその販売価格に等しいことを，(5-24)式は，潜在価格で測った労働の限界生産物価値がその価格に等しいことを意味している。また，(5-25)式は，廃家電製品の収集運搬の料金率が，実際

の収集運搬の限界費用に等しいことを表している。さらに，(5-26)式は，潜在価格で測った再生資源の限界生産物価値が，同資源の価格と課税率の和に等しいことを表している。

最後に，製造業者の利潤関数を，(5-2)式を用いることによって次のように定義する。

$$\pi^r \equiv p^k k + s^2 k - \xi k - p^x x^s - t^w \delta b$$
$$= (p^k + s^2 - \xi) g(b, x^s) - p^x x^s - t^w \delta b. \tag{5-27}$$

なお，ξ は，再生資源の単位で測った実際のリサイクル費用である。この単位費用とリサイクル料金率 s^2 が一致する保証はない。

ここでさらに，$\nu \equiv s^2 - \xi$ を，「純リサイクル価格」と定義しよう。リサイクリング後の再生資源の販売は別の段階であると考えると，もし ν が負であるならば，廃家電製品の引き取りおよびリサイクリングの段階において，「逆有償」が発生していると解釈できよう。また，(5-27)式の最後の t^w は，リサイクリングにより生じる残渣への課税率である。

上記の製造業者の利潤最大化の1階条件は，次のように表現される。

$$(p^k + \nu) g_b = t^w \delta, \tag{5-28}$$
$$(p^k + \nu) g_x = p^x. \tag{5-29}$$

ここで，(5-28)式は，廃家電製品に関して，再生資源の販売価格と純リサイクル価格で測った限界生産物価値が，残渣の課税率とその排出係数の積に等しいことを表している。また，(5-29)式は，労働に関する同様の限界生産物価値が，その賃金率に等しいことを意味している。

5－5　最適な経済的手法

これまでに求めたパレート最適条件と競争均衡条件を比較することによって，収集運搬料金とリサイクル料金が設定されている制度下で，政策当局が外部性を内部化するための経済的手法を導出する。

そのためにまず，パレート最適と競争均衡の各制約式に関する潜在価格の相

第 5 章　引取料金制度と経済的手法　　　　107

互関係を明らかにしよう。(5-10)式と(5-19)式より，労働すなわち資源の価格
について，次の関係を得る。

$$p^x = \frac{\sigma}{\sigma^x}. \tag{5-30}$$

つまり，労働の価格は，資源の潜在価格を所得の限界効用で割ったものに等し
い。次に，(5-30)式と(5-14)式，(5-24)式より，生産関数の制約に関する乗数
について，次の式を得る。

$$\lambda^x = \frac{\lambda}{\sigma^x}. \tag{5-31}$$

これは，競争市場における家電製品の消費の潜在価格が，パレート最適での同
価格を所得の限界効用で割った値に等しいことを意味している。
　さらに，(5-31)式と(5-9)式，(5-18)式，(5-23)式を用いると，次の式を導
くことができる。

$$\kappa^x = \kappa + \sigma^x t^c. \tag{5-32}$$

すなわち，競争市場での製品使用後の引き渡しに関する潜在価格が，パレート
最適の同価格に，所得の限界効用と製品購入時の課税率の積を加えたものに等
しい。ちなみに，(5-13)式と(5-20)式より，両潜在価格は負である。
　続いて，最適な課税率を求めることにしよう。(5-9)式，(5-13)式，(5-18)
式，(5-20)式，(5-23)式，(5-31)式を用いると，

$$t^c + t^d = -\frac{n^1 u_D}{\sigma^x} > 0 \tag{5-33}$$

を得る。つまり，家電製品を購入する際の課税率と使用後に不法投棄する際の
罰金率の和が，不法投棄に伴う限界不効用の貨幣評価額（の絶対値）に等しく
なければならない。
　ただし，購入に対する課税率はゼロに設定することができるが，投棄への罰
金率はゼロにできない。その理由は，(5-20)式より，

108　　　　　　　　　　第3部　引取料金と不法投棄

$$s = t^d = -t^c - \frac{n^1 u_D}{\sigma^x} > 0 \tag{5-34}$$

という関係を満たす必要があるからである。つまり，消費者が廃家電製品を引き渡す際に支払わなければならない料金率が正である限り，不法投棄の罰金率もそれに等しく正でなければならない。

なおかつ，(5-21)式と(5-25)式より，消費者の支払う料金が収集運搬とリサイクリングの両方に費やされるならば，$S > S^1$すなわち

$$t^d > h' > 0 \tag{5-35}$$

という不等式を満たさなければならない。

図5－3は，(5-34)式と(5-35)式を満たすt^dの範囲を，t^cを使って示したものである。ただし，不法投棄の限界不効用の貨幣評価額$-n^1 u_D/\sigma^x$が，実際の収集運搬の限界費用h'を上回ると仮定している[12]。

この図より明らかなように，t^cを非負とするならば，前述の2式を満たす不法投棄への罰金率は，$h' < t^d \leq -n^1 u_D/\sigma^x$である。つまり，消費者から支払われる料金とその使途を考慮することによって，投棄に対する最適罰金率の範囲が狭くなる。なお，そのときの製品購入への課税率は，$0 \leq t^c < -h' - n^1 u_D/\sigma^x$である。

以上の関係を，次のように整理しておく。

《命題1》不法投棄に対する最適罰金率は正であり，$t^d \in (h', -n^1 u_D/\sigma^x]$である。そのとき，同時に必要とされる家電製品購入に対する最適課税率は非負であり，$t^c \in [0, -h' - n^1 u_D/\sigma^x)$である。

次に，廃家電製品のリサイクリングに対しては，(5-12)式，(5-26)式，(5-29)式，(5-30)式，(5-31)式を用いることにより，

---

12)　不法投棄が周辺の生活環境にもたらす悪影響の深刻さを考慮すれば，それが収集運搬の限界私的費用より大きいと仮定するのはごく自然であろう。もしこれが逆ならば，最適な課税率の範囲は存在しない。

図5－3 不法投棄の罰金率

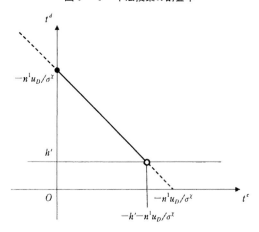

$$t^k = s^2 - \zeta = \nu \tag{5-36}$$

という課税率を得る。つまり，当該課税率は，純リサイクル価格（＝リサイクル料金率－単位費用）と一致する。

したがって，もし純リサイクル価格が正であれば再生資源に課税を，逆に負，つまり逆有償であれば補助をすべきである。さらに，リサイクル料金率と単位費用が一致しているならば，純リサイクル価格はゼロであるから，課税や補助は不要である。

なお，再生資源の市場価格と純リサイクル価格の和として，

$$p^k + \nu = \frac{\lambda f_k}{\sigma^x} > 0 \tag{5-37}$$

を得ることに注意しておこう。

図5－4は，再生資源への課税率 t^k のとる範囲を，リサイクル料金率 s^2 を使って示したものである。料金率が比較的小さいならば，t^k は負であるから補助金が必要とされる。一方，料金率が単位費用を上回ると，今度は課税が必要となる。ここで，(5-21)式と(5-35)式，さらにリサイクル率 ϕ を定義する

図5 — 4　再生資源の課税率

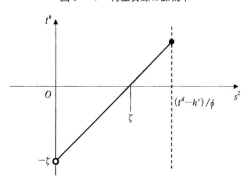

(5-3)式より，s^2は$(t^d-h')/\phi$を超えないことに注意しよう[13]。

これらの考察より，次の命題を得る。

《命題2》 (5-36)式で表現される再生資源に対する最適課税率は，$s^2 \in (0, \zeta]$において負であり，$s^2 \in (\zeta, (t^d-h')/\phi]$において正である。

最後に，リサイクル後の残渣への課税率を求める。(5-11)式，(5-13)式，(5-28)式，(5-37)式から，次のような課税率が導出される。

$$t^w = \frac{1}{\delta}\left(\frac{n^1 u_D}{\sigma^\chi} - \frac{n^2 \delta u_W}{\sigma^\chi}\right). \tag{5-38}$$

右辺の括弧内の第1項は，不法投棄に伴う限界不効用の貨幣評価額である。また，同第2項は，リサイクリング後の残渣に伴う限界不効用の貨幣評価額（の負値）である。よって，最適な課税率は，両者の差を廃棄物の排出係数で割った値に等しい。

ここで，もし(5-38)式で想定している残渣の処理が，周辺の環境に悪影響を

---

13)　もし横軸の切片ζがこの上限よりも大きいならば，課税率を表す線分は負値の領域にとどまる。したがって，任意のリサイクル料金率に関して，常に補助金が与えられる。

及ぼさない適正処理であるならば，u_Wはゼロであり，課税率は負となる。つまり，この場合，残渣の処理に対して常に補助金が与えられるべきである。他方，もし不適正処理が行われるならば，u_Wは負であり，残渣の処理に対して補助と課税のどちらが望ましいのかは，不法投棄と不適正処理の各限界不効用の相対関係に依存する。

図5－5は，残渣への課税率t^wの最適値を，不法投棄による限界不効用の絶対値で測ったものである。図を簡単にするため，消費者数n^1と製造業者数n^2はともに1であると仮定している。下方に位置する右下がりの長い破線は，u_Wがゼロである場合，すなわち適正処理時の課税率であり，常に負である。一方で不適正処理の場合は，図の中央を横切る太線で示してあるように，$(-u_D)$が小さいならば課税率は正であるが，それが$-\delta u_W$を超えると負になる。また，矢印によるシフトで表したように，$(-u_W)$やδが大きくなると，課税の範囲が広がる[14]。

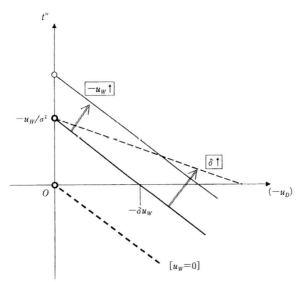

図5－5　リサイクリング後の残渣の課税率

［注］消費者数と製造業者数は1と仮定。

112 第3部 引取料金と不法投棄

以上より，次の命題を得る。

《**命題3**》 リサイクリング後の残渣の処理が適正であるならば，(5-38)式で表される残渣に対する最適課税率は負である。また，同処理が不適正であるならば，所与の u_W と δ について，$-u_D \in (0, -\delta u_W]$ において非負であり，$-u_D > -\delta u_W$ において負である。

　ちなみに，もし消費者が支払う引取料金が収集運搬とリサイクリングに過不足なく使われるならば，(5-21)式より $S = S^1 + S^2$ である。これに(5-3)式，(5-20)式，(5-25)式，(5-36)式を代入し整理すると，引取料金の収支がゼロのときのリサイクル率として，

$$\phi = \frac{t^d - h'}{t^k + \xi} \tag{5-39}$$

を得る。

5-6　リサイクル率に下限が課されるとき

　前節までのモデル分析では，料金制度が存在する場合の最適な経済的手法を明らかにした。では，リサイクリングを行う製造業者に対して，もし政策当局が最低限のリサイクル率を課すという規制的手法を実施するならば，前述の政策とどのような性質的な違いがみられるだろうか。

　本節では，これまで仮定していたリサイクリング後の残渣に対する課税の代わりに，最低限のリサイクル率 $\tilde{\phi}$ が制約として課されるケースを分析する。

　モデルの変更点は唯一，次の制約式を導入する点である。

$$\frac{g(b, x^s)}{b} \geq \tilde{\phi}. \tag{5-40}$$

これを $g(b, x^s) - b\tilde{\phi} \geq 0$ と変形し，対応するラグランジュ乗数を ω と仮定し，

---

14)　また，消費者数 n^1 が減少，もしくは製造業者数 n^2 が増加したときも，課税の範囲は広がる。

第5章 引取料金制度と経済的手法 113

製造業者の利潤最大化問題を解くと，前述の(5-28)式と(5-29)式に相当する次のような1階条件を得る。

$$(p^k + \nu)g_b = -\omega(g_b - \tilde{\phi}), \qquad (5\text{-}41)$$

$$(p^k + \nu)g_x = p^x - \omega g_x. \qquad (5\text{-}42)$$

(5-41)式において，$B \equiv g_b - \tilde{\phi}$ とする。このとき，同式左辺は(5-37)式より正であるから，ω が正であるためには，B が負でなければならない。このモデルでは $g_{bb} < 0$ を仮定していることから，これはつまり，製造業者による廃家電製品の引取量 b が比較的多い状況を示唆している。また，(5-42)式は労働投入について，賃金率が潜在価格と限界リサイクル生産物の積を上回ることを示している。

まず，(5-42)式と(5-12)式より，

$$\frac{\lambda f_k}{p^k + \nu} = \frac{\sigma}{p^x - \omega g_x} \qquad (5\text{-}43)$$

を得る。これより，再生資源に対する最適課税率

$$\tilde{t}^k = t^k + \tilde{\omega}g_x \frac{f_k}{f_x} \geq t^k \qquad (5\text{-}44)$$

が求められる。ここで，t^k は(5-36)式で表された課税率，$\tilde{\omega} \geq 0$ は最適な ω である。もしリサイクル率の制約が等号で成立しないならば，最適な ω はゼロであることから，(5-44)式と(5-36)式は一致する。なお，それ以外の経済的手法については，前節と同じである。

一方，(5-41)式と(5-11)式，(5-43)式より，最適な ω を，

$$\tilde{\omega} = \frac{Yp^x}{Yg_x - \sigma B} \qquad (5\text{-}45)$$

と表現できる。ただし，$Y \equiv n^1 u_D - n^2 \delta u_w$ であり，不法投棄の限界不効用が残渣の不適正処理の限界不効用よりも小さければ Y は正，大きければ Y は負である。

図5－6 は，(5-45)式において，B が負でかつ $\tilde{\omega}$ が正であるような Y の

図 5 — 6　リサイクル率の潜在価格

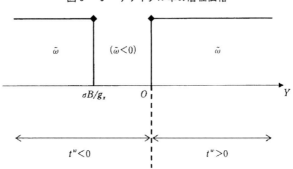

範囲を太線で示したものである。ここで，政策当局が Y の値を把握しているものとしよう[15]。なお，$Y \in (\sigma B/g_x, 0)$ においては，$\tilde{\omega}$ が負となってしまうため，この区間での規制的手法は理論的に無効である[16]。

前節で導出された経済的手法と比較するため，図 5 — 6 には，(5-38)式で表されるリサイクリング後の残渣への課税率の符号を併記してある。これより明らかなように，最低限のリサイクル率を設定したときに生ずる不連続区間に対応するのは，残渣への比較的低率の補助金である。

したがって，両政策の関係を，次のようにまとめることができる。

《命題4》もし Y が $(\sigma B/g_x, 0)$ の範囲内にあるならば，政策当局は最低限のリサイクル率ではなく，残渣への補助金を設定しなければならない。それ以外の Y については，残渣へ経済的手法を設定する代わりに，リサイクル率へ制約を課すことでも同様の結果を得る。ただし，そのときの再生資源への課税率は，(5-44)式で表される。

---

15) これは情報に関する強い仮定であるが，そうでないと，前述のリサイクリング後の残渣への経済的手法も実施できないことになる。
16) この場合，制約式に関する最大化条件である $\tilde{\omega} \geq 0, g - b\tilde{\phi} \geq 0, \tilde{\omega}[g - b\tilde{\phi}] = 0$ のうち，第 1 式が満たされない。

リサイクル率の設定に関して，もう一点指摘しておく。それは，リサイクル率に対する規制を強化すると，リサイクリングへの労働投入量は増加する一方で，廃家電製品の投入量は減少するかもしれない，という点である。

(5-40)式より $g(b, x^s) = b\tilde{\phi}$，および(5-41)式，(5-42)式を利用し比較静学を行うと，もし $g_{bx} > 0$ ならば，つまり労働量を増やすことで廃家電製品の限界リサイクル生産物が上昇するならば，$\partial x^s / \partial \tilde{\phi} > 0$ である。その一方，$\partial b / \partial \tilde{\phi}$ は正であるという保証はない[17]。

5－7　おわりに

本章は，引取料金モデルを前提として，廃家電製品の不法投棄やリサイクル後の残渣の処理により発生する外部性を内部化するためには，どのような経済的手法が必要なのかを明らかにした。消費者，小売業者，製造業者の三者から構成される一般均衡モデルの下で，消費者が廃家電製品を引き取ってもらう際に料金を支払い，小売業者はそのうち収集運搬料金を，製造業者はリサイクル料金をそれぞれ受け取ると仮定した。

分析の結果，このような料金制度の存在により，課徴金や補助金がとりうる最適値の範囲が限定されることがわかった。以下では，本分析で導かれた3種類の経済的手法の理論的な性質をまとめるとともに，政策を実施する際に政策当局が留意すべき点を指摘する。

第1に，廃家電製品の不法投棄に対しては罰金が必要であり，もし製品購入時での課税を行わないならば，不法投棄への罰金率は最大である。両方の課税を行う場合，不法投棄への罰金率は，少なくとも実際の収集運搬の限界費用を上回らなければならない。

したがって，何らかの理由により，政策当局が不法投棄への罰金率を高めに設定することができない場合[18]，最低限の税率を確保しつつ，それに対応した製品購入時の課税を組み合わせるべきである。加えて，後者の課税が比較的容易であるならば，その税率をできるだけ高くすればよい。

---

17) 厳密には，$\partial x^s / \partial \tilde{\phi} = \Delta^{-1}[Kb(g_{bx}g_{bx} - g_{x}g_{bb}) + \omega g_{bx}g_{x}]$，$\partial b / \partial \tilde{\phi} = \Delta^{-1}[Kbg_{x}g_{bx} - \omega(bg_{x}g_{xx} + g_{x}^2)]$ である。ただし，$\Delta \equiv 2Kg_{x}g_{bx} - \omega g_{x}^2 g_{xx} - Kg_{x}^2 g_{bb} > 0$，$K \equiv p^k + \nu + \omega > 0$ である。

このように，実情に合わせて政策間でのバランスを調整できるのが，この経済的手法の組み合わせがもつ利点である。その一方で，不法投棄への政策が不可能な場合，料金制度によって税率が制限されるので，製品購入への課税のみでは外部性の内部化に不十分である。ただし，次善策として，実際の収集運搬にかかる費用を引き下げるような措置を行えば，選択可能な税率の範囲を広げることはできる。このように，不法投棄を直接取り締まる対策も当然重要だが，それと代替的な経済活動をいかに適切に刺激するかを考えることも，同じく重要である。

第2に，再生資源であるリサイクル製品に対しては，課税率は純リサイクル価格（＝リサイクル料金率－単位費用）に等しいので，料金超過分は徴収し，不足分は補塡すべき，という明確な関係が得られる。ただこの課税率に関しても，料金制度の存在によって上限がある。

現実にみられる逆有償の問題を考察対象とするのは大変重要であるが，市場価格そのものが負となりうるようなモデルを設計するのは容易ではない。そこで，本章の引取料金モデルのように一種の外部性として逆有償を定義すれば，理論的な難点は避けられる。

ただ，政策実施上の問題がいくつか考えられる。例えば，リサイクリングが多段階で行われる状況では，課税や補助の機会が増えて煩雑となる[19]。そもそもどのような行為をリサイクリングと認定するか，という問題もあろう。また，リサイクリングに関して規模の経済が存在するならば，単位費用ならびに純リサイクル価格の取り扱いは困難になる。現実に家電リサイクル法の下で，製造業者同士が出資してリサイクリングの体制を整備しているが，費用は持ち出しで料金は一律低額，という場合が多い。そのような状況を配慮したモデル分析によって，さらに興味深い含意を得ることが予想される。

---

18) 現行の「廃棄物処理法」（1970年12月25日公布（法律第137号））は，不法投棄の量に応じた罰則・罰金制度がない。同法は2003年に改正され，一般廃棄物の不法投棄に対する罰則が強化されたが，これは「法人」による不法投棄に限定されており，個人の行為は対象外である。また，家電リサイクル法には，不法投棄に関する罰則すらない。このように，不法投棄への罰金が実質的に行われていないわが国においては，罰金（率）を高めに設定するのはかなり困難であると考えられる。なお，産業廃棄物の不法投棄については，小出・山下（2003）を参照のこと。

19) 例えば，本書第3章で検討した通りである。

第3に，リサイクリング後の残渣に対して，その処理が不適正である場合，不法投棄による不効用の程度が小さい場合は課税が必要であり，逆に大きい場合には補助が必要である。なお，不適正処理による不効用の程度や残渣の排出係数が大きくなれば，課税の範囲が拡大する。

このリサイクリング後の残渣への政策については，料金制度による制限がない一方，残渣の処理が適正か否かは，結局は個々の処理状況をみて判断せざるをえない点が厄介である。しかも，それは処理時の物理的状態だけではなく，処理後の経済的要因にも左右される。

例えば，処理された残渣が有価物として引き続き需要されるならば問題はないが，処理費用がかかりすぎたり質が悪かったりすれば売れないので，結局埋立処分されてしまうだろう。もちろん，埋め立てが不適正な処分であると決めつけるのは誤りである。しかし，埋め立てをする場合としない場合とを比べて，前者が「より適正な」処理であると断定するのは難しいであろう。今後，残渣処理後に直面するこのような経済的要因を組み込んだ理論分析が必要である。

第6章 不法投棄が隠蔽されるときの政策[1]

6-1 はじめに

本章では，使用済み製品が引き取られる一方でそれが不法投棄されうるという小出(2005a)の「基本モデル」を拡張し，投棄の隠蔽が行われる場合にどのような政策の組み合わせが最適であるのかを検討する。基本モデルでは，消費者と生産者が各々使用済み製品を投棄する状況を想定したが，本章で示す「投棄隠蔽モデル」では，単純化のため，消費者のみが投棄を行うと仮定する[2]。その「真の投棄量」は，ある一定の確率で，政策当局の調査によって発覚する。

一方で消費者は，投棄の隠蔽努力に時間を割くことによって，「見かけの投棄量」をつくり出すとしよう。つまり，隠蔽努力を増やせば，見かけの投棄量は減る。他方，真の投棄量自体が増えれば，見かけの投棄量も増える。

日本の「廃棄物処理法」[3]では第16条において，廃棄物の投棄を，未遂も含めて禁止している[4]。不法投棄に対する罰則は，同法の改正を繰り返すことによって徐々に強化されてきた。しかしながら，例えば産業廃棄物について言え

---

1) 初出：「不法投棄の隠蔽が行われるときの最適な政策の組み合わせ：前編」『西南学院大学経済学論集』第40巻第2号，47-62頁，2005年10月，および「不法投棄の隠蔽が行われるときの最適な政策の組み合わせ：後編」，『西南学院大学経済学論集』第40巻第3号，59-84頁，2005年12月。

2) 本章の投棄隠蔽モデルは基本モデルと同様，消費者の利用できる時間を本源的生産要素としているので，生産者が投棄を行うと仮定した場合でも，その隠蔽に要する努力は依然消費者が供給しなければならない。このような生産者による隠蔽努力と消費者の労働供給との関係のほかにも，効用関数における同隠蔽努力の取り扱い，物質収支条件の修正あるいは追加など，モデルにおける多くの前提を再検討せざるをえない。したがって，生産者が投棄と隠蔽を行うようなモデルの構築は有意義であるに違いないが，現時点では保留しておく。

3) 廃棄物処理法は，1991年に大幅に改正されて以降，1997年，2000年，2003年，2004年と頻繁に改正されている。それぞれの改正の要点については，梶山(2004)の第4編第1章がわかりやすい。

第6章　不法投棄が隠蔽されるときの政策　　119

ば，数十万トン，数十万立方メートルに及ぶ大規模な不法投棄事件が次々と発覚している一方[5]，小規模な投棄も依然頻発しており，場当たり的な法改正によって実態が改善されているとは言い難い。

　このような現状の背後には明らかに，不法投棄の機会をビジネスチャンスとし，投棄の隠蔽に惜しみない努力を払う不正処理業者の暗躍がある[6]。また，「家電リサイクル法」の対象である廃家電製品については，特に道路上や道路高架下，山林，田畑，ごみ収集ステーションといった場所での投棄が多い[7]。

　つまり，使用済み製品を引き取って故意に投棄する処理業者だけではなく，製品の消費者自らが身近なところに，見つからないよう周到に投棄している例もかなり多いものと予想される。したがって，理論モデルにおいて，投棄されるものの量と併せて，投棄の隠蔽努力の程度と影響を考慮することは，基本モデルを展開するいくつかの方向性の中でも，最も優先度の高いものであるといえる。

　本章のモデル分析から得られる政策的含意は，次のようにまとめられる。まず，不法投棄の隠蔽の有無にかかわらず，任意の引取料金率に対して，それとトレードオフの製品課税率を設定する必要がある。消費者による投棄の隠蔽が行われないとき，政策当局は不法投棄への罰金と「見かけ」の投棄への課税のどちらかを設定すれば十分である。また，何らかの努力によって政策当局が投棄を発見する精度が高まった場合，最適な罰金率または課税率は低下する。

　他方，投棄の隠蔽が行われる場合は，外部性を内部化するために，政策当局は投棄に対する罰金と課税の両方を実施しなければならない。さらに，罰金率

---

4)　5年以下の懲役もしくは1,000万円以下の罰金，またはこの両方が科される。さらに，投棄を行った主体が法人である場合は，この処罰に加えて，1億円以下の罰金が科される（同法第32条第1号）。

5)　日本で現在確認されている大規模な不法投棄現場は，香川県豊島，青森・岩手県境，福井県敦賀市，岐阜県岐阜市椿洞である。豊島の事件については大川(2001)，青森・岩手県境の事件については高杉(2003)と津軽石・千葉(2003)が詳しい。さらに，2005年6月には三重県四日市市郊外で，同県の調査によって，過去最大規模であることが確実な不法投棄が発見された。

6)　石渡(2002)によると，現実の廃棄物の不法投棄は，再委託処理から始まる非常に複雑なネットワークを通じて，極めて巧妙かつバラエティに富んだ手口で行われている。石渡(2004)も参照されたい。

7)　環境省(2006a)。そのほかに，河川敷，公園や港湾の道路などでの投棄が目立つ。

は課税率を下回ることはなく，かつ課税率は非負である，という現実的な仮定を追加すると，任意の引取料金率に対してこれらの値のとりうる範囲が限定されることが示される。

6−2　モデル

本節では，多数の同質的な消費者と生産者が存在する経済を，簡単な一般均衡モデルで表現する。

図6−1は，この投棄隠蔽モデルの構造を模式化したものである。本モデルでは，消費者によって使用された製品は，生産者に引き取られリサイクルされるか，消費者自身により不法投棄されるかのどちらかである。生産者によってリサイクルされた有用資源は，製品の生産過程に再度投入される。また，消費者は，自らの保有する時間を費やすことによって，投棄量を過少に見せる隠蔽工作を行う。

以下では，投棄隠蔽モデルを構成するいくつかの数学的仮定を説明する。

まず，代表的な消費者に関して，次のような仮定を置く。消費者は，当該製品を c 単位購入し，使用する。その後，c のうち $0 < \alpha < 1$ だけ，使用済み製品として排出する。ここで，α を排出率とよぼう。

続いて，消費者からの使用済み製品の排出量 αc のうち，生産者に引き取ってもらう分を b，自ら不法投棄する分を d としよう。この関係を製品使用後の物質収支条件とよび，

$$\alpha c = b + d \tag{6-1}$$

という等式で表現する。

ここで，(6-1)式の d を，あらためて「真の投棄量」とよぶことにする。消費者の数を n とすると，この経済における不法投棄の真の総量 D は，

$$D \equiv nd \tag{6-2}$$

と表される。

前述の通り，本モデルでは，消費者が不法投棄を隠蔽する可能性を考慮する。

第6章 不法投棄が隠蔽されるときの政策

図6－1 投棄隠蔽モデルの概略

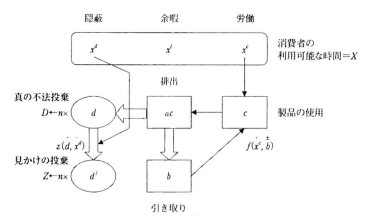

その隠蔽工作に費やされる時間，すなわち隠蔽努力量を x^d とする。そして，隠蔽の結果得られる「見かけの投棄量」d^j を，

$$d^j \equiv z(d, x^d) \tag{6-3}$$

と定義しよう[8]。

ここで，(6-3)式の偏導関数について，$z_d > 0, z_x < 0$ を仮定する。つまり，真の投棄が増えれば見かけの投棄は増える一方，隠蔽努力を増やすことによって見かけの投棄を減らすことができる。この z_d を「見かけの限界投棄」，z_x を「（見かけの）限界隠蔽」とよぼう。また，関数 z は凸であると仮定しておく[9]。

さらに，見かけの投棄の総量 Z を，(6-3)式を用いて，

$$Z \equiv nd^j = nz(d, x^d) \tag{6-4}$$

とする[10]。

これらの変数を用いて，代表的な消費者の効用関数を，次のように定義する。

---
8) 分析の上で特に必要ではないが，一応 $d^j < d$ を仮定しておく。
9) つまり，$z_{dd} > 0, z_{xx} > 0$ であると仮定する。ただしこの仮定は，後述する見かけの投棄総量の限界効用 u_Z，および政策当局が予想する使用済み製品についての関数 c に依存しており，これらの形状次第では，z は必ずしも凸でなくても構わない。

$$u \equiv u(c, x^l, D, Z, x^d) = u(c, x^l, nd, nz(d, x^d), x^d). \tag{6-5}$$

(6-5)式において，x^lは余暇の量（＝余暇時間）を意味する。ここで，効用の偏導関数すなわち限界効用について，それぞれ $u_c > 0$, $u_{xl} > 0$, $u_D < 0$, $u_{xd} > 0$ を仮定する[11]。また，見かけの投棄総量の限界効用 u_z に関しては，符号をあらかじめ定めない。つまり，他人の行動にも依存する真の投棄総量 D が増えると生活環境が悪化し，消費者の効用は低下するが，見かけの投棄総量 Z が増えてもそうなるとは限らない。なお，これらの限界効用は，各変数の増加に関して逓減的であると仮定する[12]。

さて次に，代表的な生産者についての仮定を導入する。生産者は，労働の投入量（＝労働時間）x^c と，有用資源である使用済み製品の引取量（＝投入量）b をもとに，製品の生産量 c を得る[13]。この関係を，次の関数で表す。

$$c = f(x^c, b). \tag{6-6}$$

ここで，(6-6)式の偏導関数について，まず $f_x > 0$ を仮定する。一方，f_b に関しては，符号をあらかじめ定めない。つまり，投入される労働が増えれば生産量が増える一方で，有用資源の投入を増やしたからといって生産量が増えるとは限らない。ここでは，リサイクルの限界生産物がゼロとなる有用資源の投入量 b^0 が存在すると仮定し，実際の投入量が b^0 より少なければ $f_b > 0$，多ければ $f_b < 0$ であると考えよう[14]。また，上記の限界生産物は，各生産要素の増加に関して逓減的であると仮定する[15]。

---

10) 本モデルでは，n 人の消費者が全員（潜在的に）不法投棄をし，かつ全員が隠蔽工作を行うと仮定しているが，それぞれの人数を区別しても何ら問題はない。例えば，隠蔽を行う消費者の数を n^1 とし，$n^1 < n$ と仮定しても構わない。この区別によって，以下の分析が若干複雑となるが，得られる実質的な含意は同じである。

11) 最後の $u_{xd} > 0$ に対しては，少々違和感があるかもしれない。この投棄隠蔽モデルにおいて，隠蔽努力は一種の資源投入の過程であり，余暇の消費と同様に，機会費用を伴う行為である。費用が発生するからには，それとバランスするような便益が存在しなければ，常に端点解となってしまう。このような理由から，隠蔽努力に関する限界効用が正であると仮定している。

12) すなわち，$u_{cc} < 0$, $u_{xlxl} < 0$, $u_{DD} < 0$, $u_{zz} < 0$, $u_{xdxd} < 0$ である。

13) この投棄隠蔽モデルでは，使用済み製品を有用資源と見なしている。したがって，生産者が引き取った使用済み製品の量は有用資源の量に等しい。

最後に，この投棄隠蔽モデルの本源的生産要素である時間についての制約を，次の式で表現する。

$$X = x^l + x^c + x^d. \tag{6-7}$$

ここで，(6-7)式の左辺の X は，消費者が利用できる時間の総計である。消費者はこの限られた時間を，余暇，労働，不法投棄の隠蔽にそれぞれ割り当てる。

6 – 3　パレート最適

本節では，代表的消費者の効用最大化問題を解くことにより，パレート最適のための数学的条件を導出する。

このモデル経済において，合理的な消費者は，製品使用後の物質収支条件(6-1)，製品の生産に関する需給均衡条件(6-6)，利用可能な時間の条件(6-7)の 3 つを制約として，自己の効用(6-5)を最大化すると仮定する。その際，真の投棄量(6-2)と見かけの投棄量(6-4)は，前述の効用関数に含まれている。

まず，この制約付きの効用最大化問題についてのラグランジュ関数を，次のように設定する。

$$L \equiv u(c, x^l, nd, nz(d, x^d), x^d) + \lambda[f(x^c, b) - c] \\ + \kappa[\alpha c - b - d] + \sigma[X - x^l - x^c - x^d]. \tag{6-8}$$

(6-8)式の λ, κ, σ はそれぞれ，生産過程での生産要素および生産物の需給，使用後の製品の需給，本源的生産要素の需給に関わるラグランジュ乗数である。

このパレート最適化においては，すべての変数が内点解をもつと仮定する[16]。

---

14)　使用済み製品は，名目上は有用資源ではあるが，実際に使えるものばかりだとは限らない。リサイクルの過程において，はじめは良質な資源を使うことによって生産性を高めうるが，質が悪いものばかりになってしまうと生産性に悪影響を及ぼしかねない。限界生産物が負となりうることを考慮した生産関数の性質の記述として，Borts and Mishan (1962)や Ferguson (1969)が参考になる。また，同分野の研究の中でも，Gates (1970)と Sharir (1978)は，本章での想定と密接に関連している。

15)　すなわち，$f_{xx} < 0, f_{bb} < 0$ である。

124　　　　　　　　　　第3部　引取料金と不法投棄

したがって，(6-8)式をそれぞれの変数で偏微分した値をゼロとすることによって，以下のパレート最適の1階条件を得る。

$$\lambda = u_c + \kappa\alpha, \tag{6-9}$$

$$\sigma = u_{xl}, \tag{6-10}$$

$$\kappa = nu_D + nu_z z_d \equiv U^{dz}, \tag{6-11}$$

$$\sigma = u_{xd} + nu_z z_x, \tag{6-12}$$

$$\sigma = \lambda f_x, \tag{6-13}$$

$$\kappa = \lambda f_b. \tag{6-14}$$

なおかつ，これらの2階条件はすべて満たされていると仮定する。また，(6-8)式中の制約式がすべて等式であると仮定しよう。

以下では，(6-9)式から(6-14)式の理論的含意を順に記す。

まず(6-9)式は，製品の生産に関する潜在価格 λ が，製品の使用による限界効用 u_c と，その後の排出に関する潜在価格 κ に排出率 α を乗じた値との和に等しいことを意味している。

次の(6-10)式は，時間の制約についての潜在価格 σ が，余暇の限界効用 u_{xl} に等しいことを示している。u_{xl} が正であると仮定しているので，σ は正である。

若干複雑に見える(6-11)式は，製品使用後の排出の潜在価格 κ が，nu_D と $nu_z z_d$ の和で定義した U^{dz} に等しいことを意味している。ここで，この U^{dz} を，不法投棄の限界社会的効用と名づけよう。仮定より $u_D < 0$ であるから，nu_D は負である。一方，$z_d > 0$ であるが，u_z の符号は特に決めてないので，$nu_z z_d$ は正負のどちらでもありうる。したがって，U^{dz} の符号は不明である。

投棄の隠蔽に関する(6-12)式は，時間制約の潜在価格 σ が，隠蔽努力に伴う限界効用 u_{xd} と，隠蔽の限界社会的効用 $nu_z z_x$ の和に等しいことを表している。また，(6-13)式は，同じく σ が，労働の限界生産物価値 λf_x にも等しいことを示している。最後の(6-14)式は，製品使用後の排出の潜在価格 κ が，リ

---

16)　以下の分析では，隠蔽が行われないのが最適である場合（つまり $x^d = 0$）も検討する。このときは，後述の(6-12)式と(6-19)式に不等号が含まれるので，最適な政策を導くための条件としては使えない。

サイクルの限界生産物価値 λf_b に等しいことを意味している。

　以上の諸条件をもとに，パレート最適における潜在価格の符号を確認しておこう。まず，前述の通り，σ は正である。このとき(6-12)式より，$nu_z z_x$ は正，または絶対値の小さな負であればよい。よって，依然 u_z の符号に制約はない。

　次に，(6-13)式において，f_x と σ が正であることから，λ も正である。したがって，(6-9)式より，$u_c + \kappa\alpha > 0$ である。

　さて，残るは κ であるが，これはどちらの符号もとりうる。もしリサイクルの限界生産物が常に正であると仮定するならば，(6-14)式より κ は正である。このとき(6-9)式より，常に $u_c + \kappa\alpha > 0$ である。かつ(6-11)式より，$nu_z z_d > -nu_D > 0$ を満たす必要から，u_z は正でなければならない。

　他方，もし u_z あるいは z_d がゼロであるならば[17]，(6-11)式より $\kappa = nu_D < 0$ である。そのとき(14)式から，f_b は負でなければならない。つまり，パレート最適において，過剰なリサイクルが行われていることになる[18]。

6-4　競争均衡

　前節のパレート最適化問題に対して，本節では，分権的経済における完全競争市場を仮定した上で，消費者と生産者の意思決定問題を定式化し，その均衡状態を特徴づける競争均衡条件を導出する。

　まず代表的消費者は，この分権化された経済において，次のラグランジュ関数で示した制約付きの効用最大化問題を解くものと仮定する。

$$L^x \equiv u(c, x^l, \overline{D}, \overline{Z}, x^d)$$
$$+ \sigma^x [p^x (X - x^l - x^d) - (p^c + t^c)c - sb - \rho t^d d - t^z z(d, x^d)] \quad (6\text{-}15)$$
$$+ \kappa^x [\alpha c - e(b, d, x^d)].$$

ここで，(6-15)式の σ^x, κ^x はそれぞれ，消費者の金銭面での収支と物質収支に

---

17) これは，見かけの不法投棄量の微小な変化が効用に何ら影響を及ぼさない状況，あるいは，真の投棄量と見かけの投棄量が無関係であるような状況を指している。

18) この含意は，基本モデルである小出(2005a)の結論と同じである。そして，以降の分析で明らかにされるように，この投棄隠蔽モデルにおいてもやはり，最適な κ は負でなくてはならない。

関するラグランジュ乗数である。

まず，(6-15)式の右辺第1項で示された効用関数では，真の不法投棄と見かけの投棄の総量をともに所与としている。これは，各消費者がそれぞれ投棄とその隠蔽を行う一方で，それらの総体的な影響がわからない，という事情を考慮したものである[19]。

次に，(6-15)式の右辺第2項は，消費者が直面する予算制約式である。ここで，p^xは本源的生産要素の市場価格であり，時間の限界機会費用である。また，p^cは製品cの市場価格，t^cは同製品を購入する際に適用される課税率，sは使用済み製品（＝有用資源）bの引取料金率である。

それに続いて，真の投棄量dに掛けられている$0<\rho<1$は，政策当局の調査によって真の投棄が発覚する確率であり，t^dはそのときに支払わなければならない罰金率である[20]。そして，t^zは，見かけの不法投棄量$d^j=z(d,x^d)$に対する課税率である[21]。なお，隠蔽努力そのものには課税できないと仮定している。

ところで，t^dに加えてt^zをも仮定する必要は一見なさそうだが，政策の多様性をあらかじめ確保しておく意味で，この設定は有意義である[22]。これは例えば，いったん不法投棄が見つかった後で，その悪質な罪状が明らかとなってより重い刑罰が科される，といった場合に当たる。あるいは，生産者へ引き渡す経路とは別の（望ましくない）委託処理経路があり，そこで要求されている料金率がt^zである，という状況が挙げられる。

---

19) ちなみに，自分の行為の影響については自覚している状況も，容易に表現できる。例えば，効用関数内の真の投棄総量を$d+(n-1)\bar{d}$，あるいは見かけの投棄総量を$z(d,x^d)+(n-1)z(\bar{d},\bar{x}^d)$とすればよい。つまり，自分以外の$(n-1)$人の消費者に関する数量を所与と見なすのである。

20) 本モデルでは，環境政策の執行と処罰に関するサーヴェイ（Cohen (1999)やHeyes (2000)）でも中心的に取り上げられている，従量的な罰金を前提とする。ただ，廃棄物処理法では，不法投棄に関するものを含め，違反行為に対する罰金と懲役期間の上限がそれぞれ定められているだけで，違反した量に応じて刑が重くなるという関数的性質は見当たらない（小出(2005b)）。ちなみに，発覚確率がゼロのときに最適な罰金率が無限大となってしまう場合があるので，あらかじめその可能性を排除している。

21) 単純化のため，政策当局は見かけの投棄を確実に把握できるものと仮定する。ここにも確率を入れて構わない。要するに，投棄を見つけることよりもその実態を解明することの方がはるかに難しい，という想定が維持されていればよい。なお，このようなモデルの単純化を行いつつも，政策当局がいかにして投棄を的確に迅速に発見すべきかを考えることは，最重要の政策課題である。

22) 実際，後で示されるように，特殊な場合を除いては課税率t^zを設定する必要がある。

第6章　不法投棄が隠蔽されるときの政策　　127

　以下では，必要に応じて，t^dを（真の投棄への）罰金率，t^zを（見かけの投棄への）課税率と，それぞれ端的によぶことにする。

　最後に，(6-15)式の右辺第3項は，製品使用後の物質収支条件を示している。ここでは，製品排出後の情報が限定的であるときの関数 e を仮定している。つまり，政策当局は，使用済み製品の排出量 αc は観察できるが，消費者が次にそれをどうするかに関しては，完全には知りえない。

　このような限定情報を前提とし，使用済み製品の行き先を表す e の偏導関数について，予想引渡係数 e_b および予想投棄係数 e_d を，ともに正であると仮定する。また，予想隠蔽係数 e_x の符号はどちらもとりうるものとする。後者の仮定は，政策当局が真の不法投棄量を知らず，それゆえ隠蔽努力がどのように効いているのかわからない，という想定に基づいている。さらに，関数 e は弱い凹であると仮定する[23]。

　以上のように定義された効用最大化問題を解くことによって，下記の1階条件を得る。なおここでは，すべての操作変数に内点解が存在し，制約式はいずれも等号で成立すると仮定している。

$$u_c + \kappa^x \alpha = \sigma^x (p^c + t^c), \tag{6-16}$$

$$\sigma^x p^x = u_{xl}, \tag{6-17}$$

$$-\frac{\kappa^x}{\sigma^x} = \frac{1}{e_d}(\rho t^d + z_d t^z) \equiv \frac{1}{e_d} T^{dz}, \tag{6-18}$$

$$\sigma^x p^x = u_{xd} - \sigma^x z_x t^z - \kappa^x e_x, \tag{6-19}$$

$$-\frac{\kappa^x}{\sigma^x} = \frac{s}{e_b}. \tag{6-20}$$

　以下では，パレート最適条件のときと同様，各条件の含意を順に確認しておく。

　まず，(6-16)式の左辺は，製品の使用による限界効用 u_c と，その後の排出に関する潜在価格 κ^x に排出率 α を乗じた値との和である。一方で(6-16)式の右辺は，時間の制約についての潜在価格 σ^x に，製品の税込み価格 $p^c + t^c$ を掛

---

23)　つまり，$e_{bb} \leq 0, e_{dd} \leq 0, e_{xx} \leq 0$ とする。ここで等号を入れているのは，e が1次関数であると政策当局が想定する場合を考慮しているためである。

けたもの，すなわち効用単位で測った製品の税込み価格である。

次の(6-17)式は，時間制約の潜在価格 σ^x に時間の限界機会費用 p^x を乗じた値が，余暇時間の限界効用 u_{xt} に等しいことを示している。u_{xt} と p^x は正であるから，σ^x も当然正である。以下では，$\sigma^x p^x$ を，効用単位で測った限界時間費用とよぶことにする。

続いて，(6-18)式と(6-20)式の左辺は，使用済み製品の排出の潜在価格 κ^x を時間についての潜在価格 σ^x で割って，負の符号を付けたものである。ここで，(6-20)式の右辺より，s と e_b をともに正と仮定しているので，その左辺も正でなければならない。この時点で，κ^x は負でなければならないことがわかった。

他方，(6-18)式の右辺は，不法投棄の限界不遵守費用である T^{dz} を，予想投棄係数 e_d で除したものである。この T^{dz} は，(6-18)式の中央にあるように，真の投棄に関する期待罰金率 ρt^d と，見かけの限界投棄への課税額 $z_d t^z$ から成る。仮定より，e_d, ρ, z_d はいずれも正である。ここで，投棄に対して補助金が与えられるというのは非現実的なので，t^d と t^z はともに非負であるとしよう。

また，(6-20)式の右辺は，引取料金率 s を予想引渡係数 e_b で除したものであり，前述のように正である。

最後に，(6-19)式の左辺は(6-17)式と同じく，効用単位で測った限界時間費用である。他方の右辺は，投棄隠蔽の限界効用 u_{xd}，効用で測った隠蔽による課税回避額 $-\sigma^x z_x t^z$，そして効用で測った予想隠蔽係数の負値 $-\kappa^x e_x$ をそれぞれ足し合わせた値である[24]。なお，e_x について符号をあらかじめ決めてないので，$-\kappa^x e_x$ の正負は不定である。

消費者が直面する問題に続いて，代表的生産者の制約付き利潤最大化問題を，次のように定式化しよう。

$$\pi \equiv p^c c - p^x x^c + qb + \lambda^x [f(x^c, b) - c]. \tag{6-21}$$

(6-21)式において，q は使用済み製品 b の引き取りに伴う単位収益，λ^x は生産要素と生産物の需給に関する潜在価格である。なお，q は，製品の引き取

---

24) 仮定より限界隠蔽 z_x は負なので，$-z_x$ は隠蔽による課税の限界回避分と解釈される。

りに付随するあらゆる収入や補助金から，引き取りの実費や税金などを控除したものである。それゆえに，前述の引取料金率 s とこの単位収益が一致する保証はない。加えて，q の符号を特に限定しておかない。

この利潤最大化の過程から，以下の1階条件が求められる。なおここでも，操作変数の内点解と制約式の等号成立を前提としている。

$$p^c = \lambda^x, \tag{6-22}$$

$$p^x = \lambda^x f_x, \tag{6-23}$$

$$q = -\lambda^x f_b. \tag{6-24}$$

まず，(6-22)式より，製品価格 p^c は，同製品の潜在価格 λ^x と一致する。また，(6-23)式より，時間の限界機会費用すなわち生産要素の市場価格 p^x は，その限界生産物価値 $\lambda^x f_x$ に等しい。これらの価格と労働の限界生産物はいずれも正なので，λ^x は正でなければならない。

さらに，(6-24)式より，使用済み製品の引き取りに関する単位収益 q は，リサイクルの限界生産物価値の負値 $-\lambda^x f_b$ と一致する。前述の通り，λ^x は正であるから，もし q が正ならば，f_b は負でなければならない。逆に，q が負ならば f_b は正でなければならない。

さて，本節を終えるにあたって，これまでに求められた競争均衡条件を組み合わせて，均衡での数学的性質をもう少し明らかにしておこう。

まず，(6-17)式，(6-19)式，(6-20)式より，

$$\begin{aligned}
u_{xl} - u_{xd} &= -\sigma^x z_x t^z - \kappa^x e_x \\
&= -\sigma^x z_x \left(t^z - \frac{e_\lambda}{z_x} \frac{s}{e_b} \right)
\end{aligned} \tag{6-25}$$

という関係が得られる。

(6-25)式の左辺は，余暇の限界効用と，投棄隠蔽努力の限界効用との差である。どちらがより大きいかは，見かけの不法投棄に対する課税率 $t^z \geq 0$ と，隠蔽に関する情報 e_x/z_x および引き取りに関する情報 $s/e_b > 0$ の積との大小関係に依存する。(6-25)式の括弧の前に掛かっている $-\sigma^x z_x$ が正であるから，もし $t^z > (e_x s/z_x e_b)$ であるならば $u_{xl} > u_{xd}$ であり，$t^z < (e_x s/z_x e_b)$ ならば $u_{xl} < u_{xd}$ で

ある[25]。

次に，(6-18)式と(6-20)式より，

$$s = \frac{e_b}{e_d} T^{dz} \tag{6-26}$$

を得る。この式において，引取料金率 s と予想係数の比 e_b/e_d はともに正であるので，不法投棄の限界不遵守費用 T^{dz} のうち，少なくとも t^d と t^z のどちらかは正でなければならない。

最後に，(6-22)式を(6-16)式に代入すると，

$$u_c + \kappa^x \alpha = \sigma^x (\lambda^x + t^c) \tag{6-27}$$

となる。この操作自体はあまり有益ではないように見えるが，後の分析でこの式を用いるために，ここであらかじめ準備しておく。

なお以下では，説明の都合上，製品への課税率 t^c を非負と仮定する。製品の購入に補助することは特に奇妙な政策ではないが，最適政策の組み合わせを図示する際，負値の可能性を認めると図が不必要に複雑になるため，あらかじめ課税率の範囲を限定しておく。

6－5　最適性のための条件

本節では，パレート最適条件と競争均衡条件を相互比較することによって，分権的経済において最適な資源配分を実現するための数理的諸条件を導く。これらはいずれも，最適な政策の組み合わせを明らかにするために必要不可欠なものである。

まず，余暇時間 x^l と製品生産のための労働時間 x^c に関して，それぞれ満たすべき条件を示す。市場経済において最適な時間配分が行われるには，(6-10)式と(6-17)式より，

---

25)　具体的な効用関数を例示しない限り，これ以上のことは言えない。

第6章　不法投棄が隠蔽されるときの政策　　131

$$p^x = \frac{\sigma}{\sigma^x} > 0, \tag{6-28}$$

および，この式と(6-13)式，(6-23)式より，

$$\lambda^x = \frac{\lambda}{\sigma^x} > 0 \tag{6-29}$$

が成立しなければならない[26]。

　(6-28)式は，本源的生産要素の市場価格，つまり時間の限界機会費用 p^x が，時間制約の潜在価格 σ を予算制約の潜在価格 σ^x で除した値に等しくなければならないことを示している。また，(6-29)式は，完全競争市場における製品の潜在価格 λ^x が，パレート最適での同製品の潜在価格 λ を予算制約の潜在価格 σ^x で除した値に等しくなければならないことを意味している。(6-28)式によって消費者の最適な余暇時間が，(6-29)式によって最適な労働時間が，それぞれ分権的経済において達成される。

　次に，製品 c の需給に関して満たすべき条件を明らかにする。(6-9)式と(6-27)式，(6-29)式を用いることによって，

$$\kappa^x - \kappa = \frac{1}{\alpha}\sigma^x t^c \geq 0 \tag{6-30}$$

という関係を得る。

　(6-30)式は，物質収支に関する潜在価格である κ^x と κ の差が，使用済み製品の排出率 α，予算制約の潜在価格 σ^x，および製品課税率 t^c に依存していることを表している。α が低下すれば，あるいは σ^x か t^c が上昇すれば，この κ^x と κ の差は広がる[27]。

　したがって，(6-30)式より，

$$\kappa \leq \kappa^x < 0 \tag{6-31}$$

---

26)　以下の数式で付されている不等号の向きは，特に断らない限り，式を構成する変数や定数の符号によっておのずと決まるものである。

27)　なお，製品課税率を非負と仮定しているので，(6-30)式では等号付きの不等号を用いている。

という大小関係が得られる。つまり、パレート最適における物質収支の制約についての潜在価格 κ も、負でなければならない[28]。

このように、最適な κ が負であることから、(6-11)式で示された不法投棄の限界社会的効用 U^{dz} は負である。よって、$n u_{zz} z_d < -n u_D$ でなければならない。すなわち、パレート最適における真の投棄量の増加に伴う限界不効用（の総計）は、見かけの投棄量の増加に伴う限界効用（の総計）より大きい。ただし、依然として u_z の符号はどちらでも構わない。

また、(6-14)式より、リサイクルの限界生産物 f_b は負でなければならない。したがって、パレート最適（および競争均衡）でのリサイクル量は、リサイクルの限界生産物がゼロである b^0 より多いことがわかった。

続いて、このリサイクル量 b に関する条件を検討しよう。(6-14)式と(6-24)式、および(6-29)式より、

$$q = -\frac{\kappa}{\sigma^x} = -\frac{U^{dz}}{\sigma^x} > 0 \tag{6-32}$$

という関係が導かれる。ここでは、(6-11)式の $\kappa = U^{dz}$ も用いている。

(6-32)式より、使用済み製品の引き取りに伴い生産者が得る最適な単位収益 q は、パレート最適における不法投棄の限界社会的効用 U^{dz} の貨幣価値に等しい。前述のように、U^{dz} は負なので、その符号を逆にした単位収益は正である。それゆえ、引き取りによって得る収益は黒字であることがわかる。

これに加えて、(6-20)式と(6-32)式から、

$$\kappa^x - \kappa = \sigma^x\left(q - \frac{s}{e_b}\right) \geq 0 \tag{6-33}$$

を得る。ここで、$s > 0$ は使用済み製品の引取料金率、$e_b > 0$ は予想引渡係数である。後者は、製品の排出後の情報を限定的にしか知りえない政策当局が、引渡量（＝引取量）について予想する正の限界値である。

したがって、(6-33)式から得られる $q \geq s/e_b$ という大小関係は、生産者が受け取る単位収益が、消費者の支払う引取料金だけでなく、政策当局の予想する

---

28) κ^x が負でなければならないことは、(6-20)式ですでに明らかである。

引渡係数にも依存することを意味している。以下では，この $s/e_b>0$ を，予想に基づく引取料金率とよぶ。

6－6　最適な製品課税率

本節では，これまで導出した条件式をもとに，消費者が購入する製品 c に対してどのような課税率を適用すればよいのかを説明する。ここではまず，この課税率と，使用済み製品の引取料金率との関係を見る。

(6-30)式と(6-33)式の左辺がそれぞれ等しいことから，

$$t^c = \alpha\left(q - \frac{s}{e_b}\right) \geq 0 \tag{6-34}$$

という式を容易に得る。前節の $q \geq s/e_b$ という関係が，ここにも現れている。

図 6－2 は，(6-34)式で示された引取料金率 s と製品課税率 t^c の最適な関係を描いたものである。この直線の傾きは，$-\alpha/e_b<0$ である。つまり，この料金率と課税率は，一方が高ければ他方は低くて構わない，というトレードオフにある。また，仮定より $s>0, t^c \geq 0$ なので，直線の縦軸切片 $t^c = \alpha q$ は含まないが，横軸切片 $s = e_b q$ は含む。よって，もし製品を非課税にするならば，

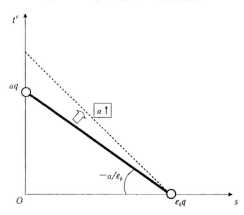

図 6－2　引取料金率と製品課税率

134　　　　　　　　第3部　引取料金と不法投棄

引取料金率は最高水準である $e_b q$ に設定しなければならない[29]。

このような，引取料金率と製品課税率の最適な組み合わせは，不法投棄の隠蔽があろうとなかろうと常に成立する。これを，命題1としておこう。

《命題1》消費者による製品購入への最適な課税率は，(6-34)式で示したように，使用済み製品の引き取りに伴う単位収益と予想に基づく引取料金率の差に，排出率を乗じた値に等しい。

ところで，引取料金率と製品課税率のどちらを高めに設定するべきかは，消費者がどちらをより好むか，あるいはどちらの方が徴収しやすいか，といった要因に依存している。この種の「前払い方式」と「後払い方式」のどちらがよいかという判断は，単なる理論的な完全代替性を超えた議論が存在し，しかも決定的な優位性は証明できないので，ここでは割愛する。

ただし1つだけ，今まであまり言及されたことがない判断基準を提案してみよう。以下では，政策の不確かさを表す予想引渡係数 e_b の大小に着目して，最適ではない政策の組み合わせから最適な組み合わせに修正する，という状況を想定する。この場合，修正の幅が比較的小さい方が，政策を実施する側にとっても金銭を支払う側にとっても望ましいといえよう。では，あらかじめどのような方針で政策を設定すればよいだろうか。

このことを，図解のみで示そう。図6－3には，政策当局による予想が正しいとき（$e_b=1$）の s と t^c の組み合わせを中心に，予想した引渡係数が過小のとき（$e_b<1$）と過大のとき（$e_b>1$）の両者の組み合わせを，それぞれその内側（左側）と外側（右側）に描いてある。これら3本の直線は，縦軸切片は同じ αq であるが，傾きである $-\alpha/e_b$ がそれぞれ異なる。つまり，e_b が小さくなれば傾きは急になり，逆に大きくなれば傾きは緩やかになる。

このとき，引取料金率を低めにしておくと，当初の予想が外れそれを修正する際に，製品課税率をあまり大きく変更しなくてもよい。例えば，図6－3に

---

[29]　図6－2より明らかなように，排出率 α が上昇すると縦軸切片が大きくなるので，所与の引取料金率に対応する製品課税率は高くなる。また，予想引渡係数 e_b や引き取りの単位収益 q が上昇したときも同様に，所与の s に対する t^c はより高くなる。

図6−3　最適な組み合わせへの修正

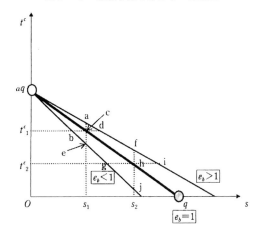

おいて，引取料金率をあらかじめ s_1 と低めに設定したとき，予想した引渡係数が過大ならば点 a の高さに，過小ならば点 e の高さにそれぞれ製品課税率を設定する。このとき，s_1 を固定したまま「正しい」製品課税率 t^c_1 へと変更するのに必要な幅は，それぞれ線分 ac と線分 ce である。

これに対して，引取料金率をあらかじめ s_2 と高めに設定した場合，この水準を維持したまま「正しい」製品課税率 t^c_2 へ修正するときの幅は，それぞれ線分 fh と線分 hj である。明らかに，ac＜fh, ce＜hj である。

つまり，予想が外れたと事後的にわかったときに，修正の幅が小さくて済むのは，引取料金率を低めに設定していた場合である。あるいは同じことだが，製品課税率を高めに設定し，引取料金率の方を修正する場合である[30]。

以上で示した政策方針は，実施した政策を事後的に変更する際，その変更に伴う影響を小さく済ませたいときに有効である。もちろんこれ以外にも，どちらの政策を優先するかについての基準はあるだろう。ただしここでは，政策当局による予想とそのずれからの修正に注目した。その含意を，次の補題1とす

---

30) 引取料金率を変更する場合は，図6−3において bc＜gh, cd＜hi であるから，あらかじめ製品課税率を高めに設定しておく方が，その後の修正は小幅で済む。

る。

《補題1》あらかじめ引取料金率を低めに，あるいは製品課税率を高めに設定した方が，政策を事後的に修正する際に，その幅が小さくて済む。

　これは比較的わかりやすく，社会的な賛同を得やすいやり方であるといえよう。ただ，どのような頻度でこのような修正を施すべきかは，その次に考えなければならない重要な論点である。もちろん，政策当局が予想の精度を高めることも同時に求められよう。予想の精度が高まれば，そもそも修正は必要最小限で済むからである。

6－7　隠蔽が行われないとき

　本節では，不法投棄の隠蔽が行われない状況に必要とされる，最適な政策の組み合わせを明らかにする。すでに前節において，製品購入に対する最適な課税率である(6-34)式を得ている。これに加えて，どのような政策が必要なのであろうか。

　不法投棄の隠蔽努力量 x^d がゼロである場合，これに関する1階条件である(6-12)式と(6-19)式は等号で成立しないため，最適な政策を導く手段としては使えない。そこで，残された条件である(6-11)式と(6-18)式を用いると，

$$\varkappa^{\chi} - \varkappa = -\sigma^{\chi}\left(\frac{T^{dz}}{e_d} + \frac{U^{dz}}{\sigma^{\chi}}\right) \geq 0 \tag{6-35}$$

という関係が得られる。続いて，この式と(6-30)式，(6-32)式より，製品課税率の表現として，

$$t^c = \alpha\left(q - \frac{T^{dz}}{e_d}\right) \geq 0 \tag{6-36}$$

が導かれる。

　(6-36)式において，$T^{dz} > 0$ は不法投棄の限界不遵守費用，$e_d > 0$ は予想投棄

図6－4 限界不遵守費用と製品課税率

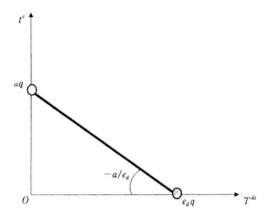

係数である。後者は，製品の排出後の情報を限定的にしか知りえない政策当局が，投棄量について予想する正の限界値である。以下では，この比である $T^{dz}/e_d > 0$ を，予想に基づく（不法投棄の）限界不遵守費用とよぶことにする。

図6－4では，(6-36)式で示された不法投棄の限界不遵守費用 T^{dz} と製品課税率 t^c の最適な関係を表現した。基本的に図6－2とよく似ているが，横軸は s ではなく，T^{dz} である点に注意しよう。この直線の傾きは $-\alpha/e_d < 0$ であり，かつ $T^{dz} > 0$ および $t^c \geq 0$ より，縦軸切片 $t^c = \alpha q$ は含まないが，横軸切片 $T^{dz} = e_d q$ は含む。

この最適な政策の組み合わせを，命題2としておく[31]。

《命題2》 消費者による製品購入への最適な課税率は，(6-36)式で示したように，使用済み製品の引き取りに伴う単位収益と予想に基づく不法投棄の限界不遵守費用の差に，排出率を乗じた値に等しい。

---

31) また，(6-26)式と(6-32)式より，単位収益と引取料金率の差である「純利益」$q-s = -U^{dz}/\sigma^x - e_b T^{dz}/e_d$ が求められる。横軸に T^{dz} をとると，この関数は縦軸切片が $-U^{dz}/\sigma^x > 0$，傾きが $-e_b/e_d < 0$ の直線で表される。したがって，限界不遵守費用が高くなるにつれて，引き取りの純利益は低くなる。

図6－5　限界不遵守費用と罰金率・課税率

図6－5a　罰金率

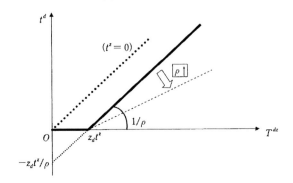

図6－5b　課税率

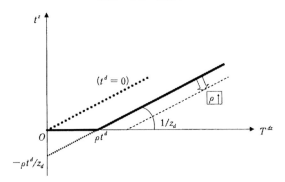

ところで，(6-18)式における T^{dz} の定義より，

$$t^d = \frac{1}{\rho}(T^{dz} - z_d t^z), \tag{6-37}$$

または，

$$t^z = \frac{1}{z_d}(T^{dz} - \rho t^d) \tag{6-38}$$

という関係を得る。ここで，t^dは真の投棄量 d への罰金率，t^zは見かけの投棄量 $d^j = z(d, x^d)$ への課税率である。

図 6 - 5 では，横軸に T^{dz} をとって，罰金率（図 6 - 5 a）と課税率（図 6 - 5 b）をそれぞれ表現している。本分析では，t^d と t^z を非負と仮定しているため，両者とも横軸上に屈折点をもつ。また，一方がゼロであるときは，T^{dz} と他方との関係が原点を通る右上がりの点線で表される。

図 6 - 5 a において，T^{dz} が $z_d t^z$ を上回るところでは，t^d は不法投棄の発覚確率 ρ の逆数に比例した直線である。一方，T^{dz} が $z_d t^z$ を下回る領域では，t^d はゼロである。図 6 - 5 b についても同様であり，T^{dz} がゼロから ρt^d の範囲では t^z はゼロ，それを超えると，t^z は見かけの限界投棄 z_d の逆数に比例する直線である。

さて，政策当局の不法投棄の発覚確率 ρ が上昇すると，図 6 - 5 a の横軸切片 $z_d t^z$ から始まる直線部分が下方にシフトする[32]。また，図 6 - 5 b では，横軸切片 ρt^d そのものが右にシフトし，直線部分が下方にシフトする。

つまり，不法投棄を見つける精度が高まったならば，所与の T^{dz} に対する罰金率や課税率を低めに設定すべきである。逆に，投棄がなかなか見つけられない状況では，罰金や課税をより高く設定すべきである。これは，いわば「発覚精度と罰金のトレードオフ」である。ρ が定数であるという非常に単純な設定ではあるが，政策当局がマニフェスト制度の徹底や巡回パトロールの強化などに取り組むことが，金銭的な処罰に代替することがわかった。

以上で示した図を組み合わせると，引取料金率と真の投棄量への罰金率，あるいは引取料金率と見かけの投棄量への課税率の関係が明らかになる。ここでは，図 6 - 2，図 6 - 4，図 6 - 5 a を使って，引取料金率と罰金率の関係を図 6 - 6 に示そう[33]。

図 6 - 6 の第 1 象限は図 6 - 2，第 2 象限は図 6 - 4，第 3 象限は図 6 - 5 a から構成されている。第 1 象限の直線上に存在する s と t^c の組み合わせを起

---

32) より正確にいうならば，横軸切片を中心に，時計回りにシフトする。いうまでもなく，罰金率が負の部分は分析で考慮しないので，省略してある。

33) なお，図 6 - 2，図 6 - 4，図 6 - 5 b を組み合わせれば，もう一方の関係が得られるが，似たような図なので割愛する。

図6－6　引取料金率と罰金率(1)：正の課税率

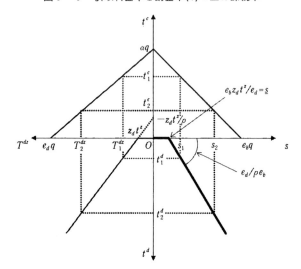

点に，第2象限ではその t^c に対応する T^{dz} が，第3象限ではさらに t^d が，それぞれ連鎖的に得られる[34]。

なお，s と t^d との数学的関係については，(6-18)式と(6-20)式が等しいことを使って，

$$t^d = \frac{1}{\rho}\left(\frac{e_d}{e_b}s - z_d t^z\right) \tag{6-39}$$

と表される[35]。

図6－6の第4象限に描いてあるように，この両者の最適な組み合わせは，傾きが $e_d/\rho e_b > 0$，横軸切片が $\underline{s} \equiv e_b z_d t^z/e_d > 0$ の直線上にある。したがって，直線部分では，s が上昇すれば t^d も上昇する。一方，$\underline{s}$ より低い引取料金率に対しては，罰金率はゼロである。ただしそのときは，課税率 t^z が必要である。

---

34) 例えば，図6－6において，s_1 には t_1^d が対応し，続いて T_1^{dz} と t_1^c が得られる。同様に，s_2 に対しては t_2^c，T_2^{dz}，t_2^d がそれぞれ最適な値である。
35) あるいは，(6-26)式の T^{dz} の定義を元に戻し，整理することで，同じ式が得られる。

第6章 不法投棄が隠蔽されるときの政策　　　141

図6－7　引取料金率と罰金率(2)：課税率ゼロ

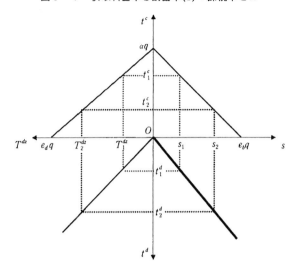

図6－8　不法投棄の発覚確率の上昇

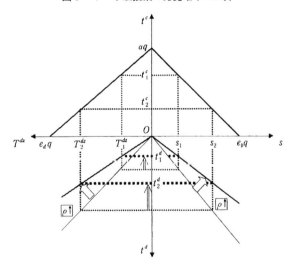

続いて図6－7は，t^zをゼロとしたときの最適な政策の組み合わせである。図6－6とは違い，第3象限の直線が原点から始まることから，第4象限の直線も同じく原点を通る。これは(6-39)式において，t^zをゼロとすることで容易に理解されよう。なお，第4象限の直線の傾きは，図6－6と同じ$e_d/\rho e_b$である[36]。

図6－8は，図6－7をもとにして，不法投棄の発覚確率が上昇したときの影響を示したものである[37]。発覚確率ρが上昇すると，第3象限と第4象限の直線の傾きが小さくなる。その結果，所与の引取料金率に対して，製品課税率と限界不遵守費用は不変であるが，投棄の罰金率はより低くなる。

以上で得られた理論的含意を，1つの命題と2つの補題としてまとめておく。

《命題3》不法投棄への最適な罰金率は，(6-39)式に示したように，sより低い引取料金率が適用されているならば不要であるが，見かけの投棄への課税率は必要である。一方，引取料金率がsを上回るならば，最適な罰金率は正であり，引取料金率が上昇すれば罰金率も上昇する。

《補題2》見かけの投棄への課税率がゼロならば，sはゼロとなり，引取料金率に対する最適な罰金率は常に正である。

《補題3》政策当局の不法投棄の発覚確率が上昇すると，所与の引取料金率に対する投棄の罰金率は低くなる。そのとき，製品課税率と限界不遵守費用は変化しない。

6－8 隠蔽が行われるとき

本節では，不法投棄の隠蔽が行われる状況での最適な政策の組み合わせを導出する。

---

36) 図6－7は図6－6に比べて簡略にしてあるが，その見方はまったく同じである。なお，(6-39)式をt^zについて解くと，$t^z = (c_d s / z_d c_b) - \rho t^d / z_d$となる。

37) 図の見方は，上記2図と同じである。また，発覚確率の上昇により，t^zも低下する。

第6章　不法投棄が隠蔽されるときの政策　　　143

前節で使用しなかった(6-12)式と(6-19)式をもとに，(6-28)式，(6-18)式を
援用することによって，次の関係式を得る。

$$t^d = \frac{A}{\rho e_x} t^z + \frac{e_d z_x}{\rho e_x} \frac{n u_z}{\sigma^x},$$ (6-40)

ただし，

$$A \equiv e_d z_x - e_x z_d$$ (6-41)

である。

　ここではまず，(6-41)式の A と e_x に言及する。この式の右辺第1項は仮定
より負であるが，第2項は e_x の符号のため不明である。したがって，A の符
号は一様ではない。ただし，(6-41)式に見られる偏導関数はいずれも，政策当
局が予想する使用済み製品の行き先 $w^e = e(b, d, x^d)$ と見かけの不法投棄量
$d^j = z(d, x^d)$ に関連している。実は，それぞれの関数の限界代替率から，e_x と
A の符号の関係を整理することができる。

　図6-9では，e_x の符号と A の符号との関係を，使用済み製品の量を一定
とする3本の曲線 ($\overline{w^e_a}, \overline{w^e_b}, \overline{w^e_c}$) と，見かけの不法投棄量を一定とする1本の
曲線 ($\overline{d^j}$) で表現している。曲線の接線の傾きである限界代替率は，それぞ
れ $-e_x/e_d$ および $-z_x/z_d > 0$ である[38]。なお，ここでは説明を簡略にするため，
ありうる状況をまとめて1つの平面上で示した。つまり，これらの可能性が常
に同時に生じるわけではないことに注意しよう。

　図6-9の右上の点aにおいて，$\overline{w^e_a}$ と $\overline{d^j}$ の接線の傾きはともに正であり，
前者の方が大きい。このとき，e_x は負で A は正である。次に，中央の点bに
おいては，この傾きの大小関係が逆転しており，e_x と A はともに負である。

---

38)　$d^j = z(d, x^d)$ を全微分してゼロと置き，整理すると，z の x^d に対する d の限界代替率として，
　　$dd/dx^d = -z_x/z_d > 0$ を得る。つまり，不法投棄の隠蔽努力が増えた場合，見かけの投棄量を一定
　　に保つためには，真の投棄量が増えなければならない（その意味で，この2つの変数は補完関係に
　　あるから，限界「代替」率とよぶのは誤解を招くかもしれない）。したがって，図6-9のような
　　右上がりの曲線となる。他方，$w^e = e(b, d, x^d)$ について同様に展開し，単純化のため引取量を一
　　定，つまり $db = 0$ と仮定すると，e の x^d に対する d の限界代替率である $\partial d/\partial x^d = -e_x/e_d$ を得る。
　　この符号は，e_x の符号次第である。

図6-9 予想隠蔽係数の符号と限界代替率

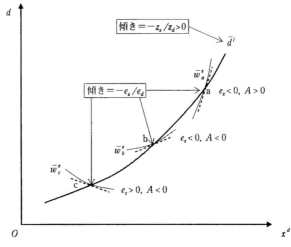

[注] $A = e_d z_x - e_x z_d$ である。

さらに，左下の点 c においては，$\overline{w}_c^e$ の接線の傾きが正に転じており，e_x は正で A は負のままである。ちなみに，(6-41)式より，e_x が非負ならば A は必ず負であることが明らかである。

さて，不法投棄の隠蔽が行われる場合，基本的には，罰金率と課税率の両方が必要である。まず，(6-39)式と(6-40)式を連立し，(6-41)式を使って解くことによって，次の式で表される罰金率と課税率が得られる。

$$t^d = \frac{A}{\rho e_b z_x} s + \frac{z_d}{\rho} \frac{n u_Z}{\sigma^\chi}, \tag{6-42}$$

$$t^z = \frac{e_x}{e_b z_x} s - \frac{n u_Z}{\sigma^\chi}. \tag{6-43}$$

この2式を s の関数とみたときに，それぞれどのような位置関係になるかは，いくつかの変数の符号および大小に依存する。ただし，すべての可能性を考慮して並べただけでは，あまり有益とはいえない。

そこで以下では，現実的だと思われる政策の組み合わせのみに，分析の範囲

第6章 不法投棄が隠蔽されるときの政策

図6-10 (6-44)式を満たす条件と引取料金率の範囲

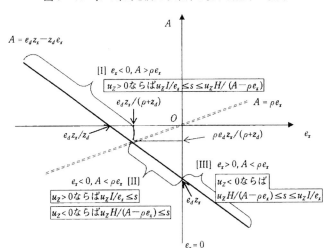

[注] $H \equiv -e_b z_x (\rho + z_d) n/\sigma^x > 0$, $I \equiv e_b z_x n/\sigma^x < 0$ である。

を限定しよう。端的に言えば，

$$t^d \geq t^z \geq 0 \tag{6-44}$$

を満たすような状況を抽出し，その性質を明らかにする。

(6-44)式で示した条件は，直感的に受け入れられやすいものであると思う。つまり，不法投棄の罰金率は課税率を下回ることはなく，かつ課税率は非負でなければならない，ということである。もし罰金が課税を下回るようならば，そもそも罰金の意味を成さないだろう。また，罰金も課税も負，すなわち補助の可能性を認めてしまうのは，あまりにも非現実的である。ただし，等号を使うことにより，非課税の余地は残している。

ここで，以降の図による説明に備えるため，数学的な記述を導入しよう。(6-42)式より，t^d がゼロであるときの引取料金率は，$-u_z z_d I/A$ と書き表される。ただし，$I \equiv e_b z_x n/\sigma^x < 0$ である。また，(6-43)式より，t^z がゼロであるときの引取料金率は，$u_z I/e_x$ である。さらに，t^d と t^z が一致するときの引取料金率は，$H \equiv -e_b z_x (\rho + z_d) n/\sigma^x > 0$ を用いると，$u_z H/(A-\rho e_x)$ と書き表される。

146　　　　　　　　　第3部　引取料金と不法投棄

　図6-10では，e_x-A平面を使って(6-41)式を表現するとともに，その直線
上において，(6-44)式を満たす条件と引取料金率のとるべき範囲を，[I]，
[II]，[III] の3つの区域で示している。また，それぞれの区域には，見かけ
の不法投棄の限界効用 u_z の符号が条件として付されている。図で明らかなよ
うに，右下がりの直線 $A = e_d z_x - e_x z_d$ は第1象限を通らない。したがって，e_x
と A がともに正である可能性はない[39]。

　図6-10において，3つの条件区域の境界線となっているのは，縦軸の
$e_x = 0$ と，原点を通る右上がりの破線 $A = \rho e_x$ である。区域 [I] は，e_x が負で，
かつ $A = \rho e_x$ より上方に位置する，$A = e_d z_x - e_x z_d$ 上の点で構成されている。同
様に，区域 [II] は，e_x が負かつ $A = \rho e_x$ の下方の点，また区域 [III] は，e_x
が正（かつ $A = \rho e_x$ の下方）の点から成る。

　さらに，**図6-10**の各区域には，これらの条件に加えて，u_z の正負とそれに
応じた s の範囲が記されている。例えば，区域 [I] では，もし u_z が正ならば，
$u_z I / e_x \leq s \leq u_z H / (A - \rho e_x)$ を満たす引取料金率を設定すれば，$t^d \geq t^z \geq 0$ とい
う政策の組み合わせが可能である。逆に，この区域において u_z が負のときは，
そのような正の s は存在しない。あるいは，区域 [II] では，正および負の u_z
にそれぞれ，$t^d \geq t^z \geq 0$ を満たす s の下限が存在する。

　以上の場合分けを念頭に，**図6-11**の3つの図を見よう。

　図6-11a は**図6-10**の区域 [I] に，**図6-11b** は区域 [II] に，**図6-11c**
は区域 [III] に，それぞれ対応している。いずれも横軸に正の引取料金率 s
をとって，不法投棄への罰金率 t^d と課税率 t^z の直線を重ねてある。そして，
斜線部分は，そこに記してある u_z に対する，$t^d \geq t^z \geq 0$ の領域である[40]。

　これらの図を見て気づくことを，3点挙げてみよう。

　第1に，いずれの図においても，u_z や H, I のいずれかがゼロである場合を
除いて，(6-44)式を満たす s の下限は正である。つまり，$t^d \geq t^z \geq 0$ となるよ
うな罰金と課税を実施するには，基本的にゼロではない引取料金を設定しなけ
ればならない。

---

39)　すでに示した図6-9においても，そのような状況は描いていない。
40)　なおここでは，数学的な表記を簡単にするため，$n^{au} \equiv n u_z / \sigma^x$ という定義を採用している。また，
　　図6-11b に関しては，煩雑を避けるため，縦軸切片は記述していない。

第6章 不法投棄が隠蔽されるときの政策

図6-11 不法投棄の罰金率と課税率

図6-11a $e_x < 0, A > \rho e_x$

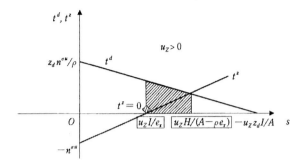

図6-11b $e_x < 0, A < \rho e_x$

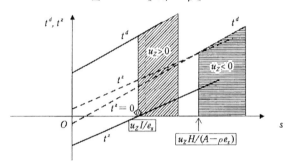

図6-11c $e_x > 0, A < \rho e_x$

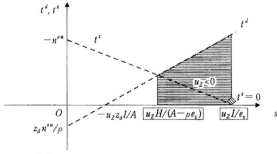

［注］ $n^{\sigma u} = n u_Z / \sigma^2$, 斜線部分は $t^d \geq t^z \geq 0$ の領域である。

第2に，どの図においても，課税率 t^z がゼロとなるところは，たかだか1点である。したがって，見かけの不法投棄を非課税にすることは不可能ではないが，それぞれの条件の下でその可能性は1つしかない[41]。

第3に，命題3の後半で示したような，引取料金率と罰金率の正の関係は，ここでは必ずしも成立しない[42]。たしかに，図6-11bと図6-11cでは t^d を表す直線は右上がりであるが，図6-11aは右下がりである。その理由は単純で，直線の傾きが A に依存しているからである[43]。

ここまでの結果を命題として整理することは，同じことを繰り返すだけになりそうなので，あらためて全体像である図6-10を確認することでこれに代えたい。

さて，以上の考察では，予想隠蔽係数と見かけの不法投棄に関連する限界効用を，どちらも正または負であると仮定していた。もしこれらがゼロである場合，何か新たな可能性が生じるだろうか。

図6-12に，この2つの特殊例を示した。図6-12aは e_x が，図6-12bは u_z がそれぞれゼロの状況である。

図6-12aの右に見られる，u_z が負のときの s の領域は，図6-11bの右側の状況とよく似ている。その一方，図6-12aの u_z がゼロの領域は，初めて見るものである。つまり，$e_x = 0$ かつ $u_z = 0$ のとき，原点（$s = 0$）を除いて，常に $t^d > t^z = 0$ である[44]。

本モデルで定式化したパレート最適問題では，隠蔽努力 x^d が製品使用後の物質収支条件に含まれていなかったので，政策当局は $e_x = 0$ であると予想するのが「正解」である。しかし，それだけでは，一種の外部性である u_z の影響

---

41) ちなみに，見かけの不法投棄を非課税としたときの罰金率は両極端であり，図6-11aと図6-11cのように最高か，図6-11bのように最低かのどちらかである。また，そのときの引取料金率も，図6-11aと図6-11bでは最低，図6-11cでは最高である。このように，見かけの投棄を非課税にすることは，政策的な手間を省くのに有用であるが，その代償として，それ以外の政策が極端になってしまう。

42) 引取料金率の課税率との正の関係も，これと類似している。(6-43)式より，t^z の傾きに e_x が含まれており，この符号に応じて相関の正負が決まる。

43) A がゼロのとき t^d は水平線となるが，目新しい要素はないので，図6-11では省略した。

44) 本分析では，不法投棄への罰金率と課税率の両方がゼロである可能性を排除しているので，このときの s の下限は，ゼロに限りなく近い正数である。

図6-12 不法投棄の罰金率と課税率：特殊例

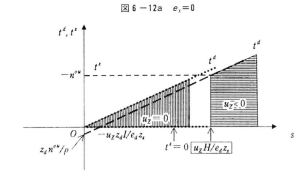

図6-12a $e_x=0$

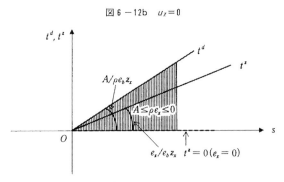

図6-12b $u_z=0$

[注] 図6-11と同じ。

を内部化することはできない。これがたまたまゼロであれば、罰金率のみを設定するだけでよい、という最も単純な結果となる。しかし、u_zがゼロでなければ、政策の設定は通常のときとそう変わらない。

もう1つの特殊例である図6-12bは、u_zがゼロである状況を描いている。罰金率と課税率の切片がともにゼロであることから、もし前者の傾きが後者の傾きを上回るならば、任意の正のsについて、常に$t^d>t^z$が成立する[45]。

ところで、$t^d>t^z$であるための条件をより簡単にすると、

---

45) 図6-12bの横軸に重なっている $t^z=0$ $(e_x=0)$ は、図6-12a の $t^z=0$ と同じである。

$$A < \rho e_x \leq 0 \tag{6-45}$$

となる。この大小関係は図6−10以降，たびたび見られる。ただ，この関係に特別な経済学的意味があるようには思えない。あくまで，両関数の傾きに関する数学的な関係であると思われる。

　本節の分析を締めくくるにあたって，前節と同様に，不法投棄の発覚確率が微小に上昇したときの影響を示そう。政策当局による努力の甲斐あって発覚確率 ρ が上昇すると，図6−10に描かれた右上がりの直線 $A = \rho e_x$ の傾きが大きくなる。その結果，区域 [I] は広くなり，区域 [II] は狭くなる。なお，区域 [III] は変化しない。

　続いて，ρ の上昇により，図6−11および図6−12の t^d が，横軸切片を中心に下方にシフトする。その一方，t^z は変化しない。残るは，t^d と t^z の交点である $u_z H / (A - \rho e_x)$ がシフトする。

　以下に示す補題の [1] から [3] は図6−11aから図6−11cに，[4] は図6−12aに，それぞれ対応している。また，できるだけ表記を簡略にするため，記号を多用している。

《補題4》政策当局の不法投棄の発覚確率が上昇すると，(6-44)式を満たす引取料金率の上限または下限は，次のように変化する。

[1] 予想隠蔽係数 e_x が負，かつ(6-41)式の A が発覚確率と予想隠蔽係数の積 ρe_x より大きく，しかも見かけの不法投棄の限界効用 u_z が正ならば，上限 $u_z H / (A - \rho e_x)$ は小さくなる。

[2] e_x が負，かつ A が ρe_x より小さく，しかも u_z が負ならば，下限 $u_z H / (A - \rho e_x)$ は大きくなる。

[3] e_x が正，かつ A が ρe_x より小さく，しかも u_z が負ならば，下限 $u_z H / (A - \rho e_x)$ は大きくなる。

[4] e_x がゼロかつ u_z が負ならば，下限 $u_z H / (A - \rho e_x)$ は大きくなる。

　このような場合分けの中で1つ共通するのは，ρ の上昇によって，$t^d \geq t^z \geq 0$ を満たす s の範囲が狭くなる点である。できるだけ低い引取料金率が好まれ

第6章 不法投棄が隠蔽されるときの政策　　151

る状況下で，上記補題の［1］のように上限が小さくなる場合は問題と見なされないが，［2］から［4］のように下限が大きくなる状況は，引取料金を支払う立場からすると苦しくなるだろう。

　また，投棄の発覚確率が上昇することにより罰金率は全般的に低くなるので，前節の「発覚精度と罰金のトレードオフ」はここでも成立している。しかし，そのとき引取料金率の下限が高くなるため，「罰金と最低引取料金のトレードオフ」ともいうべき新たな現象が生じている。

6－9　おわりに

　本章では，使用済み製品が引き取られる一方でそれが不法投棄されうる状況に，投棄の隠蔽努力という現実的な仮定を加えた投棄隠蔽モデルを使って，隠蔽が行われる場合に政策当局はどのように政策を組み合わせるべきかを，隠蔽が行われない場合の政策の組み合わせを含めて，詳細に検討した。

　その分析結果を，3つの表に簡潔にまとめた。

　まず表6－1は，引取料金率 s を基礎として，必要な政策とその最適値を，不法投棄の隠蔽がないときとあるときに分けて整理したものである。双方の大きな違いは，隠蔽がない場合は投棄への罰金と課税のどちらか一つで十分であるのに対して，隠蔽がある場合はどちらも必要である，という点である。それ以外の政策，例えば製品課税率や単位収益は，隠蔽の有無にかかわらず表現は同じである。

　そして，表6－2と表6－3ではそれぞれ，s の上昇および発覚確率 ρ の上昇による，政策の最適値への効果を整理している。投棄の隠蔽があるときは，s の上昇によって投棄への罰金率と課税率が高まるとは限らない。また，隠蔽が行われる場合，投棄への課税率は ρ の変化に影響を受けないが，罰金率と課税率の交点は変化する。

　概して，不法投棄の隠蔽が行われるときの最適な政策の組み合わせは，符号を決めていない関数に依存する部分が多く，隠蔽が行われないときの政策の組み合わせよりも複雑多岐にわたる。そのため，(6-44)式のような条件を追加的に設けることによって，現実的と思われる政策のみを選抜した。それでも，い

表 6 — 1　最適な政策の比較

NO.	政策	記号	符号	隠蔽なし	隠蔽あり
−	引取料金率	s	正		
1	製品課税率	t^c	非負	$\alpha q - \alpha s/e_b$	同左
2	単位収益	q	正	$-U^{dz}/\sigma^x$	同左
3	(投棄) 割金率	t^d	非負	$e_d s/\rho e_b - z_d t^z/\rho$	$As/\rho e_b z_x + z_d nuz/\rho\sigma^x$
4	(投棄) 課税率	t^z	非負	$e_d s/z_d e_b - \rho t^d/z_d$	$e_x s/e_b z_x - nuz/\sigma^x$
−	必要なのは			t^dかt^z	t^dとt^z
−	限界不遵守費用	T^{dz}	正	$e_d s/e_b$	同左

[注] $A = e_d z_x - e_x z_d$である。

表 6 — 2　引取料金率の上昇

NO.	政策	記号	隠蔽なし	隠蔽あり
1	製品課税率	t^c	↓	↓
2	単位収益	q	不変	不変
3	(投棄) 割金率	t^d	↑	↑ ↓
4	(投棄) 課税率	t^z	↑	↑ ↓

表 6 — 3　発覚確率の上昇

NO.	政策	記号	隠蔽なし	隠蔽あり
1	製品課税率	t^c	不変	不変
2	単位収益	q	不変	不変
3	(投棄) 割金率	t^d	↓	↓
4	(投棄) 課税率	t^z	↓	不変

くつかの条件が付いた政策の組み合わせを見ると，いかにそれが理論的に有効であるとはいえ，本当にそのような政策を実施できるかどうか，疑問を抱かずにはいられない。

　また，本分析の前提である，不法投棄の隠蔽が行われているかいないかという判断を，誰がどのように下すのだろうか。これは，実は最も難しい論点である。結局のところこの問題は，投棄を取り締まる政策当局が投棄隠蔽の実態を

第6章 不法投棄が隠蔽されるときの政策　　153

どう認識しているかにかかっている。

　本章の投棄隠蔽モデルでは，x^d が内点解であるか端点解であるか，という便宜的な区別をした上で，それぞれの政策の性質を論じた。とはいえ，では現実的にどちらを想定すべきなのか，と問われると，やはり内点解の方が妥当だと答えるだろう。誰一人として，ある経済において投棄の隠蔽はゼロである，と言い切れる自信はないからである。また実際，投棄と隠蔽は一体化している[46]。

　そのような観点からすると，投棄隠蔽モデルにおいて，不法投棄の隠蔽が行われる際に必要とされる政策には多様な組み合わせと限界があることを明らかにしたことは，とりもなおさず，潜在的に投棄が行われ隠蔽されている現実の経済において，経済合理的な政策を行うことがいかに難しいことかを理解するのにつながると思われる。

　投棄が隠蔽されうるならば，そうでないときよりも，投棄を取り締まる政策当局がこなすべき仕事は明らかに増える。ただその中で，当局が行ういくつかの政策の間には，経済学的な代替関係あるいは補完関係が存在する。例えば本章では，発覚精度と罰金の単純なトレードオフを指摘したが，それ以外についてもより詳細に検討することは，理論的な興味にとどまらず，実際の政策運営においても極めて大きな意味をもっている。これは，今後の課題とすべきである。

46）　週刊循環経済新聞編集部編著(2005)には，日本全国19カ所もの産業廃棄物の不法投棄および不適正処理現場の実態が，多くの写真を使って紹介されている。

第7章　引取料金と処理責任の数量効果[1]

7-1　はじめに

本章では，「家電リサイクル法」が想定している廃家電製品の流れとその料金支払制度を取り入れた，「部分均衡モデル」を提示する。そして，消費者が廃家電製品を排出する際に支払う「引取料金」，あるいは小売業者と製造業者がそれぞれ受け取る「収集運搬料金」と「リサイクル料金」の変化によって，製品の購入量および引取量，不法投棄量，リサイクル量がどう変化するかを明らかにする。また，消費者による廃家電製品の排出抑制や製造業者によるリサイクリングといった「処理責任」を強化することによって，これらの数量にどのような影響がみられるかについても検討する。

本章の部分均衡モデルにおいて，家電製品の流れに関わる経済主体についての仮定は，極力単純化する。また，廃家電製品の不適正処理等に伴う外部性は存在しないものとする。

家電リサイクル法が規定している引取料金の支払制度は，廃家電製品を排出する消費者の行動のみならず，それを引き取る小売業者の行動，およびリサイクルに直接携わる製造業者の行動にも影響を与えうる。

そのときわれわれは，料金の収支の状況に関しても，十分配慮する必要があろう。というのは，消費者が支払う引取料金が収集運搬料金とリサイクル料金の合計に一致する保証はない上に，市場にはその不一致を是正するメカニズムが備わっていないからである。したがって，収支状況が大幅に悪化した場合，

1）　初出：「廃家電製品の引取料金と処理責任の数量効果」，西日本理論経済学会編『経済発展と公共政策の展開』（『現代経済学研究』第13号）勁草書房，117-149頁，2006年10月。その草稿は，「家電リサイクル法における料金制度と処理責任の数量効果」（『環境経済論の最近の展開2004』〔ディスカッションペーパーシリーズ B No.30，一橋大学経済研究所，2004年8月〕所収）として公表された。

第7章　引取料金と処理責任の数量効果　　　155

各種料金を裁量的に調整する必要が生じる。しかし，これによって，リサイクリングの促進という目的から遠ざかるおそれがある。

　例えば，料金の収支が大幅な赤字であり，このままでは健全なリサイクリングの運営に支障が出かねないとしよう。この場合，収支を改善する方法は2つある。1つは，引取料金を値上げして収入を増やすことである。もう1つは，収集運搬料金もしくはリサイクル料金を値下げして，支出を減らすことである。

　しかし，本章の部分均衡モデルからは，次のような含意を得る。つまり，引取料金を引き上げると，その価格効果により，もし効用関数の交差偏導関数が非負であるならば，消費者から小売業者に引き取られる廃家電製品の量は減る。また，収集運搬料金かリサイクル料金を引き下げると，製造業者のリサイクルする量が減る。これは政策当局にとって，政策の推進上，困ったことである。

　では，引取料金制度の収支を改善させるためには，廃家電製品の引き取りやリサイクリングが常にその犠牲にならざるをえないのだろうか。答えは否である。例えば，収集運搬料金とリサイクル料金を逆方向に動かすことによって，料金収支にある程度配慮しつつ，リサイクリングを促進することができるのである。

　その一方，家電リサイクル法において，この料金支払制度と同じく重要なのは，廃家電製品の処理責任の徹底である。同法では，小売業者には廃家電製品の引き取りおよび引き渡しを，製造業者等には同製品の引き取りおよび再商品化等を，それぞれ義務づけている[2]。また，製品を使用して排出する消費者や事業者には，引取料金を支払うことによって処理責任を金銭面で果たすことに加えて，「なるべく長期間使用することにより，……排出を抑制するよう努める」[3]こと，つまり排出抑制の努力が期待されている。

　本章では，前述の料金の変化に関する分析に続いて，何らかの措置によって消費者による排出抑制や製造業者によるリサイクリングといった処理責任が強化された場合の影響を検討する。この部分均衡モデルにおいて，これらの責任

2）　家電リサイクル法第9条（引取義務），第10条（引渡義務），第17条（引取義務），第18条（再商品化等実施義務）。リサイクルの具体的な目標は「再商品化率」（＝廃家電製品の総重量に対する，分離された部品・材料のうち再商品化等をされた総重量）で設定されており，現在はエアコン60％，テレビ55％，冷蔵庫・冷凍庫50％，洗濯機50％である（家電リサイクル法施行令第3条）。
3）　家電リサイクル法第6条。

の強化は，関連するパラメータの微小変化によって表現される[4]。その結果，排出抑制の強化はその効果が明確である一方，リサイクリングの強化はそうではないことが示される。

　端的に言えば，次のようになる。消費者からの廃家電製品の排出率が低下すると，製品の購入量と引取量は変化しないが，不法投棄量と排出量は減る。他方，リサイクル率が上昇しても，リサイクル量が必ず増えるという保証はない。もし収集運搬の限界費用があまり逓増的でないならば，リサイクル率の上昇はむしろリサイクル量の減少を招いてしまう。

　この理論的帰結は，リサイクリングを促進しようとする政策の有効性に関して，一つの注目すべき含意を示している。つまり，このような単純なモデルの構造においても，一般に期待される結果が無条件に得られるとは限らない，ということである。

7－2　モデル

　この節では，本章で展開する部分均衡モデルの諸仮定を紹介する。図7－1と図7－2は，以下の説明の理解のために示すものである。

　まず，代表的な消費者の効用関数を，次のように定義する。

$$u \equiv u(c, b). \tag{7-1}$$

ここで，c は家電製品の購入量（＝消費量），b は小売業者が消費者から引き取る廃家電製品の量である。簡単化のため，家電製品は1種類であり，廃家電製品はそれと同一であるとしよう[5]。

　また，(7-1)式の各変数に対する偏導関数について，$u_c > 0$, $u_b > 0$, $u_{cc} < 0$, $u_{bb} < 0$ を仮定する。すなわち，製品の購入量あるいは引取量の増加に伴い効

4）　なお，分析の視点がやや異なるが，Kinnaman and Fullerton（2000）のサーヴェイにおいて，過去の実証研究の含意を整理するために用いられている家計モデルは，本章のものと同様に簡便である。

5）　仮に製品の種類が増えたとしても，以下の分析の含意に何ら影響はない。また，消費者単位での製品購入量はせいぜい1か0であろう，という指摘ももっともであるが，ここでは関数の連続性を優先する。

第7章 引取料金と処理責任の数量効果　　　157

図7−1　部分均衡モデルの概要

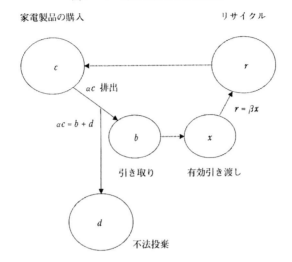

用は高まるが，それは逓減的である。一方，交差偏導関数である u_{cb} については，あらかじめ符号を決めておかないことにする。後の分析において，数量効果の方向を見極める際に，この u_{cb} の符号と大きさをあらためて問題にする。

　ここで，効用関数の定義に関して，若干補足をしておくことが必要であろう。廃家電製品の引取量から効用を得る，という上記の想定は，一見奇異にみえるかもしれない。これは，不法投棄をせず合法的に製品を処分する，つまり小売業者に引き渡すことによって得られるであろう一種の「安心感」に依拠した仮定である。

　このモデルでは，消費者は不法投棄を行うことによって，引取料金の支払いを回避し，支出を節約できる。しかしその代償として，もし投棄の事実が発覚したら，何らかの処罰を受けなければならない。したがって，不法投棄をしないで小売業者に引き取ってもらうことは，投棄に伴う期待不効用を回避することになる。以上の論理に基づき，前述の限界効用の想定は十分な合理性をもつものと思われる[6]。

　次に，廃家電製品の物質収支を，次の式で表現する。

図7−2 3つの経済主体と関連する変数

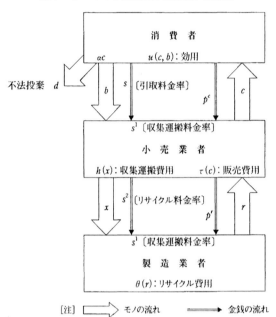

$$\alpha c = b + d. \tag{7-2}$$

ここで，$\alpha \in (0,1)$ は排出率，b は小売業者の引取量，d は不法投棄量である。よって，(7-2)式の左辺の αc は廃家電製品の排出量を表しており[7]，排出されたものは引き取られるか不法投棄されるかのどちらかである。なお，このモデルは静学的であるため，製品の使用終了時点と引取時点，不法投棄時点の間で生じうる時差は考慮していない[8]。

---

6) ただし，本章では，モデルの構造をできるだけ単純に保つため，投棄に対する処罰を明確に定式化することはしない。ちなみに，小出(2005b, 2005c)では，部分均衡モデルにおいてこのような処罰の仮定を導入している。本章のモデルに不法投棄に対する罰金を追加すると，端点解が最適となる可能性が生じる。
7) 本分析において α は，排出抑制の効果を検証するためのシフトパラメータであり，値そのものが重要であるというわけではない。したがって，本来の値はほぼ1であると考えても構わない。

第7章　引取料金と処理責任の数量効果　　　159

さらに，消費者の予算制約式を，次のように表す。

$$m = p^c c + sb. \tag{7-3}$$

ここで，左辺の m は消費者の所得であり，右辺の p^c は家電製品の市場価格，s は引取料金率，つまり引取量 1 単位当たりの引取料金である。すなわち，消費者は，家電製品の購入代金とその排出時の引取料金を小売業者に支払う。

なお，(7-3)式の定義から明らかなように，このモデルでは不法投棄に費用がかからない形になっている。消費者は，不法投棄によって廃家電製品の引き取りを回避し，本来支払うべき引取料金を節約することができる[9]。ここで仮定を変更し，投棄量 1 単位当たりに何らかの特別な費用がかかるとしても，以下の分析の結論にほとんど影響はない。要するに，小売業者への引取料金率が，不法投棄の単位費用を上回っていさえすればよい[10]。

さて，(7-2)式を(7-1)式と(7-3)式に代入した上で，この消費者の効用最大化問題を解くと，下記の 1 階条件を得る。

$$u_c + \alpha u_b = \lambda (p^c + s\alpha), \tag{7-4}$$
$$u_b = \lambda s. \tag{7-5}$$

ただし，λ は，予算制約式(7-3)に関するラグランジュ乗数である。ここで，どちらの条件にも内点解が存在し，かつ最大化の 2 階条件を満たしているものと仮定しよう。

続いて，小売業者の利潤を，次の式で定義する。

$$\pi^c = p^c c - \tau(c) + s^1 x - p^r \beta x - h(x). \tag{7-6}$$

なお，$\tau(c)$ は家電製品の販売費用，s^1 は収集運搬料金率，つまり「有効引渡

8）　したがって，不法投棄量を一定とすると，家電製品の購入量の増加はその排出量を増加させ，(7-2)式を通じて引渡量の増加につながり，間接的に効用水準を高める。その意味では，前述した不法投棄量の増加による効用水準の低下とはやや印象を異にするが，技術的な仮定を置いたことによって生じた因果関係であることを承知いただきたい。

9）　そのことは，(7-2)式を b について解き，(7-3)式に代入すれば確認できる。

10）　仮に，不法投棄に対して従量的な割金を科したとしよう。このとき，もし割金率が引取料金率より大きいならば，投棄量はゼロである。つまり，廃家電製品は小売業者によってすべて引き取られる。

160　　　　　　　　　　第3部　引取料金と不法投棄

量」x の1単位当たりの収集運搬料金である。また，$\beta \in (0, 1)$ は製造業者の
リサイクル率であり，p^r はリサイクル製品 $r=\beta x$ の市場価格[11]，$h(x)$ は収集
運搬費用である。加えて，(7-6)式の各費用の導関数について，$\tau'>0$，$\tau''>0$，
$h'>0$，$h''>0$ を仮定する。つまり，それぞれの限界費用は正で，かつ逓増的で
ある。

　ここで注意すべきは，消費者から引き取った廃家電製品が，そのまますべて
リサイクル製品の原料になるわけではない，という点である。すなわち，廃家
電製品がリサイクリングにどれだけ利用されるかはリサイクル製品市場の需給
で決定されるので，それをもとに小売業者が製造業者に供給する有効引渡量 x
は，消費者からの引取量 b と必ずしも一致しない。したがって，このモデル
では，別の変数でそれぞれの量を定義している[12]。

　(7-6)式より，小売業者の利潤最大化の1階条件は，内点解の仮定のもとで
次のように導かれる。

$$p^c = \tau', \tag{7-7}$$
$$s^1 = h' + p^r\beta. \tag{7-8}$$

また，限界費用に関する仮定より，これらは最大化の2階条件を満たしている。
　最後に，製造業者の利潤を，次のように定義する。

$$\pi^r \equiv p^r r + s^2 r - \theta(r). \tag{7-9}$$

ここで，s^2 はリサイクル料金率，すなわちリサイクル量1単位当たりのリサイ
クル料金である。また，$\theta(r)$ はリサイクル費用であり，$\theta'>0$，$\theta''>0$ を仮定す
る。なお，前述のように，$r=\beta x$ という関係から，リサイクル製品の量 r が
決まれば，そのリサイクリングに必要な有効引渡量 x が間接的に求められる。
　このとき，内点解を仮定すると，利潤の最大化の1階条件は次のようになる。

---

11)　リサイクル製品は一種の中間財であり，小売業者が製造業者から買い取ると仮定している。した
　　がって，このモデルでは，新品とリサイクル製品の差を補うような追加的な活動は仮定しない。
12)　通常経済学で仮定される需給均衡モデルと同様に，このモデルでは，超過供給分については無償
　　で（適正）処分されるものと仮定する。また，有効引渡量のうちリサイクルされなかった分に関し
　　ても，同様の仮定を置く。

$$p^r = \theta' - s^2. \tag{7-10}$$

この式も，限界費用が逓増するという仮定から，最大化の2階条件を満たしている。

さて，(7-8)式と(7-10)式より，

$$s^1 = h' + \beta(\theta' - s^2) \tag{7-11}$$

となる。一方，消費者に関する条件である(7-4)式と(7-5)式，および小売業者の条件である(7-7)式より，

$$s = F\tau', \ F \equiv \frac{u_b}{u_c} > 0 \tag{7-12}$$

を得る。

したがって，引取料金と収集運搬料金，リサイクル料金の収支バランスである

$$sb = s^1 x + s^2 r \tag{7-13}$$

を満たすには，

$$F\tau' = \frac{x}{b}(h' + \beta\theta') \tag{7-14}$$

であればよい。つまり，限界代替率と販売の限界費用との積（＝左辺）が，収集運搬の限界費用 h' とリサイクルの限界費用にリサイクル率を乗じた $\beta\theta'$ との和に，リサイクルでの「有効利用率」 x/b を掛けた値（＝右辺）に等しくなればよい。ただし，このような料金収支バランスが，市場において自律的に実現するようなことは期待できない。

7－3　市場均衡および引取料金の収支

この節では，前節で得られた数学的結果を図解する。

まず図7－3は，家電製品市場の均衡を表している。同製品に対する右下が

図7-3 家電製品市場の均衡

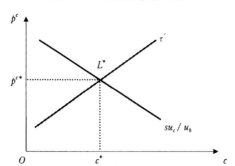

りの需要関数は，消費者の条件である(7-4)式と(7-5)式から導かれた，

$$p^c = \frac{u_c(c)}{u_b(c)} s \qquad (7\text{-}15)$$

である[13]。一方，右上がりの供給関数は，小売業者の条件(7-7)式より，

$$p^c = \tau'(c) \qquad (7\text{-}16)$$

である。市場均衡点は L^* であり，そのときの価格と取引量は，(p^{c*}, c^*) で表される。

次に，図7-4は，リサイクル製品市場での均衡を示している。リサイクル製品に対する右下がりの需要関数には，有効引渡量 x に関するパラメータが含まれており，小売業者の条件(7-8)式より，

$$p^r = \frac{s^1 - h'(r/\beta)}{\beta} \qquad (7\text{-}17)$$

である。それに対して，右上がりの供給関数は，製造業者に関する条件である(7-10)式から，

---

[13] この需要関数が右下がりであるためには，任意の c に関して，常に $u_c(u_{cb} + \alpha u_{bb}) > u_b(u_{cc} + \alpha u_{cb})$ である必要がある。

図7-4 リサイクル製品市場の均衡

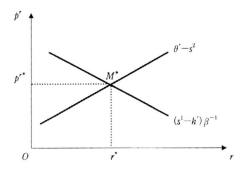

$$p^r = \theta'(r) - s^2 \tag{7-18}$$

と表される。市場均衡点は M^* で表され、それに対応する価格と取引量は、(p^{r*}, r^*) である。

ちなみに、$s^1 < h'$, $s^2 > \theta'$ となる r の範囲において、需要価格と供給価格はそれぞれ負となる。そして、もし両関数がその価格の領域で一致するならば、均衡点で「逆有償」、すなわち負の価格で取引が行われる現象が生じる[14]。

さらにここで、廃家電製品の引取量 b と、製造業者への有効引渡量 x が等しいと仮定しよう。そうすると、同製品の引取量と引取料金率の関係を、図7-5のように表すことができる。引取量1単位当たりの支出 s^x は右上がりの関数、同様の収入 s^v は右下がりの関数であり、両者の交点 N^* において、料金収支が一致する。そのときの引取量を $\tilde{b}$、引取料金率を $\tilde{s}$ とすると、引取量が $\tilde{b}$ より少なければ黒字、逆に $\tilde{b}$ より多ければ赤字ということになる。

すでに述べたように、この収支バランスを自律的に実現するメカニズムが存在しないため、もし必要ならば、関連するパラメータを政策当局がシフトさせることで、収支の是正を図るほかない。

例えば、料金収支の赤字を改善したいとき、収集運搬料金率 s^1 かリサイ

---

14) 逆有償については、細田 (1999) が詳しい。

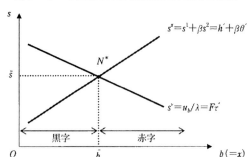

図7－5　小売業者の引取量と引取料金率の関係

[注] 引取量と有効引渡量が一致しているものと仮定。
s^x：引取量1単位当たりの支出　　s^v：同収入
$\tilde{b}$：収支一致時の引取量　　　$\tilde{s}$：同引取料金率

ル料金率 s^2 を引き下げれば，支出 s^x が下方にシフトするため，引取量に対する黒字の範囲が拡大する。同様の結論は，収入 s^v を上方にシフトさせることによっても得られるが，これは直接的に引取料金率の引き上げを意味するので，引取料金を支払う側である消費者には抵抗があるだろう。

7－4　比較静学(1)：所得および引取料金率

以下の各節では，本章の数学付録で示してある結果を用いて，各種パラメータの変化に対する均衡量の変化の方向を検討する。なお，数式の中にたびたび現れる Δ は，均衡方程式体系に関する行列式であり，2階条件を満たすため負であると仮定する[15]。また，$\Phi \equiv \beta^{-1}(h'' + \beta^2 \theta'')$ は正である。

消費者の効用が最大化されている状態を消費者均衡とよび，そのときの家電製品の購入量 c^*，廃家電製品の引取量 b^*，不法投棄量 d^* を，それぞれの均衡量とする。

まず，所得 m が変化するときの家電製品の均衡購入量，廃家電製品の均衡

---
15) より具体的には，u_{cb} が非負，あるいは絶対値の小さい負であれば，Δ は負である。

第7章　引取料金と処理責任の数量効果　　　　165

引取量の変化は，次のように表される[16]。

$$\frac{\partial c^*}{\partial m} = \frac{\Phi}{\Delta}[\tau' u_{bb} - s u_{cb}], \qquad (7\text{-}19)$$

$$\frac{\partial b^*}{\partial m} = \frac{\Phi}{\Delta}[s(u_{cc} - \lambda \tau'') - \tau' u_{cb}]. \qquad (7\text{-}20)$$

この部分均衡モデルでは，効用の交差偏導関数 u_{cb} の符号を仮定していないが，もしこれが非負ならば，(7-19)式と(7-20)式はともに正である。つまり，製品の購入および引き取りはどちらも，所得の増加に伴い促進される，という上級財的性質をもつ。また，たとえ u_{cb} が負であっても，その絶対値が小さければ，両式とも正である。

　その一方，所得の増加による不法投棄量 $d^* = \alpha c^* - b^*$ の変化は，次のようになる。

$$\frac{\partial d^*}{\partial m} = \frac{-\Phi}{\Delta}[s(u_{cc} - \lambda \tau'') - (\tau' - s\alpha) u_{cb} - \tau' \alpha u_{bb}]. \qquad (7\text{-}21)$$

この場合，投棄量が増えるか減るかは，u_{cb} の符号そのものよりは，むしろ u_{cb} とその他の変数およびパラメータとの大小関係に依存する。

　直感的には，所得が増えると引取料金の支払いを回避する誘因，すなわち不法投棄を行う誘因が薄れるため，投棄量は減ると思われる。そこで，数学付録では，所得の増加によって不法投棄量が減少する場合の諸条件を整理している。

　なお，製造業者の均衡リサイクル量 r^* はこの場合，変化しない。

　さて，以下では，分析結果を視覚的にとらえるために，図解を併用する。まず，図7－6は，消費者による意思決定問題を，4つの象限を使って表現したものである。第1象限には，横軸に製品購入量 c，縦軸に廃家電製品の引取量 b をとり，(7-3)式の予算制約線 $b = -(p^c/s)c + m/s$ を右下がりの直線で描いている。

　以降，図7－6を時計回りに見ていこう。第4象限では排出線，すなわち原

---

16)　数学付録で示したように，計算上は引取量 b^* の変化よりも，不法投棄量 d^* の変化の方が先に求められる。ただし，以下では説明の都合から，効用関数の構成変数である引取量について先に言及する。また，同付録での記述と同様に，数学的表現の中ではアスタリスクを省略する。

図7－6　予算制約と物質収支による変数の決定

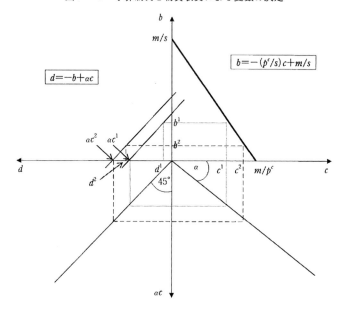

点を通る傾き α の直線により，下向きの縦軸で排出量 αc を測っている。その左の第3象限には45度線があり，先ほどの排出量を，不法投棄量 d の軸にそのまま移している。そして第2象限には，その排出量 αc を切片として，(7-2)式の物質収支線 $d=-b+\alpha c$ が右上がりの直線で描かれている。これも45度線である。

以上の過程から，所与のパラメータによって予算制約線，物質収支線，排出線が確定し，それをもとに引取量と購入量，不法投棄量が一通りに決まることがわかった。図7－6にはその例として，予算制約線上での2つの組み合わせである (c^1, b^1) と (c^2, b^2) から，d^1 と d^2 がそれぞれどのように決定されるかを示してある。

図7－7は，(7-19)式から(7-21)式で求められた，所得の変化に伴う各均衡量の変化を表現している。第1象限の u^*，u^{**} は消費者の無差別曲線であり，右上に位置するものほど効用水準が高い。

図7－7　所得の増加による消費者均衡のシフト

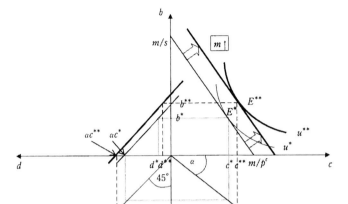

［注］不法投棄量が減少する場合。

さて，図7－7において所得 m が増加すると，予算制約線が上方に平行にシフトする。それにより，消費者均衡点は右上方にシフトし（$E^* \to E^{**}$），効用は増加する（$u^* < u^{**}$）。この図では，製品購入量と引取量はともに増加している一方（$c^* < c^{**}, b^* < b^{**}$），不法投棄量は減少している（$d^* > d^{**}$）が，変数やパラメータ間の大小関係次第では，このような動きにならないことがある。

では次に，廃家電製品の引取料金率 s が変化するときの各均衡量の変化を示そう。

$$\frac{\partial c^*}{\partial s} = \frac{-\Phi}{\Delta} s\tau' \lambda - b\frac{\partial c^*}{\partial m}, \tag{7-22}$$

$$\frac{\partial b^*}{\partial s} = \frac{\Phi}{\Delta} \tau'(\tau' + \tau''c) \lambda - b\frac{\partial b^*}{\partial m}. \tag{7-23}$$

168   第3部　引取料金と不法投棄

　もし効用の交差偏導関数 u_{cb} が非負であるならば，(7-23)式において，右辺
第1項で示された代替効果と同第2項による所得効果がともに負であるため，
$\partial b^*/\partial s<0$ となる。すなわち，引取料金率が高くなれば引取量は減少する。

　その一方，(7-22)式では，右辺第1項（＝正）と第2項（＝負）の符号が逆
であるため，u_{cb} の符号だけでは変化の方向は確定しない。そこで，数学付録
には，引取料金率の値上げにより家電製品の購入量が増えるときの諸条件を整
理してある。

　また，下記のように，引取料金率の引き上げによって不法投棄量がどう変化
するかも明らかではない[17]。

$$\frac{\partial d^*}{\partial s}=\frac{-\Phi}{\Delta}\tau'(\tau'+\tau''c+s\alpha)\lambda-b\frac{\partial d^*}{\partial m}. \tag{7-24}$$

この式の右辺第1項は正であるが，第2項は(7-21)式で示したように，正負ど
ちらの値もとりうる。ただ，所得の増加が不法投棄量の減少につながる場合は，
第2項は正であるから，$\partial d^*/\partial s>0$ である。つまり，引取料金率を値上げする
と不法投棄が促進される。

　ちなみにこの場合も，製造業者のリサイクル量は不変である。

　図7-8は，(7-22)式から(7-24)式で求められた，引取料金率の変化に伴う
各均衡量の変化を表している。引取料金率 s が上昇することによって，予算
制約線は横軸切片を中心に，反時計回りにシフトする。その結果，消費者均衡
点は右下方にシフトし（$E^*\to E^{**}$），効用は減少する（$u^*>u^{**}$）。この図で
は，製品購入量は増加する一方で引取量は減少し（$c^*<c^{**}, b^*>b^{**}$），不法
投棄量は増加している（$d^*>d^{**}$）。なお，繰り返しになるが，各変数やパラ
メータ間の関係次第では，この図とは違う結果になることに注意されたい。

---

17)　廃棄物の不法投棄量を測定するのは至難の作業であるが，Fullerton and Kinnaman (1996)や
　　Sigman (1998)はその例外的な実証研究であり，いずれも合法的な廃棄物処理費用の増加が投棄
　　関連の変数に及ぼす影響を検討している。Fullerton-Kinnaman は，米国ヴァージニア州シャー
　　ロッツヴィル市(Charlottesville)でのごみの有料化に伴うごみの減量分のうち，28％または43％が
　　不法投棄によるものである，と間接的に推定している（この2つの値は推計方法の違いによる）。
　　また，Sigman は，米国の"Emergency Response Notification System"によるデータを使って，
　　州内で廃油の合法処理の禁止を実施することで，不法投棄の起こる頻度が28％上昇する，という結
　　論を得ている。

図7－8　引取料金率の上昇による消費者均衡のシフト

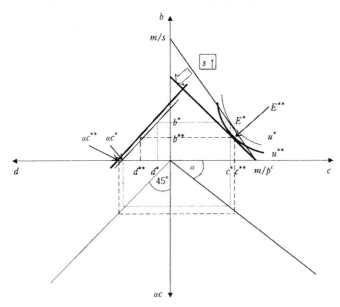

［注］製品購入量と不法投棄量がともに増加する場合。

さて，以上の分析結果の中で，特に不法投棄への効果に注目してみよう。そうすると，もし所得の増加に伴い不法投棄が抑制されるのであれば，引取料金率の上昇によって不法投棄が促進される，という一連の理論的含意を見出すことができる。

リサイクリングに携わる側からすれば，引取料金率を上昇させることは，料金収支の改善につながるのでありがたい。しかしその一方で，この値上げは消費者の実質所得の減少とそれに伴う引取量の減少を招き，不法投棄を助長してしまう。これは一種のトレードオフであるといえよう。つまり，収支の改善と引取量の確保は両立しない。

したがって，もし政策当局が不法投棄を抑制しつつ料金収支状況を改善したいのならば，引取料金率ではなく，収集運搬料金率あるいはリサイクル料金率の方を動かすべきである，という方針が，消去法的に見えてくる。ただし，消

費者がこれら個別の料金に直面するわけではないので，その行動に変化はない。この場合に変化するのは，製造業者によるリサイクルの量である。

7－5　比較静学(2)：各種料金率

収集運搬料金率 s^1 やリサイクル料金率 s^2 が変化するとき，これまでのケースとは対照的に，製造業者の均衡リサイクル量 r^* のみが変化する。それも下記のように，どちらが上昇しても，リサイクル量は増加する。

$$\frac{\partial r^*}{\partial s^1} = \frac{1}{\Phi} > 0, \tag{7-25}$$

$$\frac{\partial r^*}{\partial s^2} = \frac{\beta}{\Phi} > 0. \tag{7-26}$$

リサイクル率 β が1未満であるので，(7-25)式と(7-26)式から，収集運搬料金率の上昇によるリサイクリングの促進効果の方が，リサイクル料金率の上昇によるそれより大きいことがわかる。直感とは逆のような気がするが，これには理由がある。つまり，s^1 が有効引渡量 x をベースにしているのに対して，s^2 がそれより少ない（リサイクル）量 $r = \beta x < x$ をベースにしているからである。

両方の料金率が上昇すればリサイクリングの増量分はさらに大きくなるが，それによって図7－5における料金支出 s^x が上方にシフトし，収支が赤字の領域が広がってしまう結果となる。これでは料金制度の健全性が損なわれ，リサイクリングの持続性に支障が出るおそれがある。つまりこれは，リサイクリングの促進と収支の改善とのトレードオフである。しかしながら，2種類の料金の変更をうまく組み合わせることによって，このディレンマをある程度克服することができる。

例えば，収集運搬料金率を引き上げるとともに，リサイクル料金率を引き下げるとどうなるだろうか。図7－9は，図7－4のリサイクル製品市場をもとに作成したものである。このような料金の組み合わせによって，市場均衡でのリサイクル量を増やしつつ，リサイクル製品の価格を引き上げることができる

図7－9　収集運搬料金率の上昇とリサイクル料金率の低下

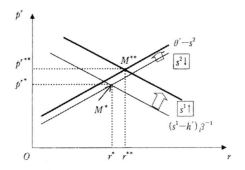

(均衡点は $M^* \to M^{**}$, 均衡価格は $p^{r*} < p^{r**}$, 均衡取引量は $r^* < r^{**}$)。かつ, このとき, 料金支出の上昇をある程度抑えることが可能である。

すなわち, 収集運搬料金とリサイクル料金の調整を適切に組み合わせることにより, リサイクリングの促進とリサイクル製品価格の維持を実現することができる。特に, 逆有償になりかねない非常に安価な製品や部品の市場に対して, これはかなり有効な手段である。ただし, それぞれの料金を受け取る主体が異なるため, その実施には互いに納得のいく取り決めが必要であろう。

また, 図7－9とは逆のパターン, すなわち収集運搬料金率を引き下げるとともにリサイクル料金率を引き上げる場合を, 図7－10に示しておく。この組み合わせの下では, 均衡リサイクル量は前と同様に増加する一方, 均衡価格は下落する (均衡点は $M^* \to M^{**}$, 均衡価格は $p^{r*} > p^{r**}$, 均衡取引量は $r^* < r^{**}$)。つまり, リサイクリングの段階を厚遇するような料金の変更によって, リサイクル製品の価格が下落するおそれがある。

なお, 繰り返しになるが, このような料金の変化は, 消費者の行動に何ら影響を与えない。

7－6　比較静学(3)：排出抑制

さて今度は, 廃家電製品に対する処理責任の強化, すなわち, 消費者の排出

図7—10 収集運搬料金率の低下とリサイクル料金率の上昇

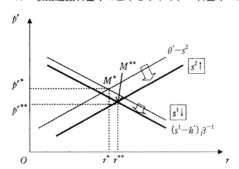

抑制あるいは製造業者のリサイクリングの強化による均衡量への影響を明らかにしよう。

本章の部分均衡モデルでは,消費者の排出抑制の強化を排出率 α の低下で,製造業者のリサイクリングの強化をリサイクル率 β の上昇で,それぞれ表現することができる[18]。なおモデルには,小売業者に課されている廃家電製品の引取・引渡義務(責任)に関するパラメータが設定されてないが,リサイクル率 β の変化で近似的にその効果をとらえることができる。

まず,排出率 α の変化に伴う各均衡量の変化を,以下に列挙する。

$$\frac{\partial c^*}{\partial \alpha}=0, \tag{7-27}$$

$$\frac{\partial b^*}{\partial \alpha}=0, \tag{7-28}$$

---

18) もちろん現実的には,廃家電製品を全量引き渡す,あるいは引き取った製品を全量リサイクルする,という形での処理責任の強化・徹底が重要なのであるが,モデル分析でこれをこのまま導入してもほとんど意味がない。それは次の理由による。上記のような意図で追加される制約式について,もしそれが等号で成立するならば変数は減り,逆に等号で成立しないならばそのラグランジュ乗数がゼロとなる。前者の場合,消費者が決めた引取量がそのまままれなくリサイクルされるので,小売業者と製造業者の意思決定はもはや不要である。また後者の場合,結局本章のモデルと同じになる。よって,本章のような接近方法がより望ましいといえる。

$$\frac{\partial d^*}{\partial \alpha} = c > 0. \tag{7-29}$$

$$\frac{\partial r^*}{\partial \alpha} = 0. \tag{7-30}$$

意外なほどの簡潔かつ明快な結論である。(7-27)式と(7-28)式は,排出率がどう変化しようと,製品の購入量と引取量は変わらないことを示している。また,(7-30)式より,リサイクル量も不変である。

唯一影響を受けるのは,不法投棄である。(7-29)式は,排出率が低下すると,不法投棄量が製品購入量の分だけ減ることを意味している。数学付録でもふれているように,不法投棄以外の変数に関しては,お互いに等しい逆向きの効果が相殺され,実質的な変化は起こらない[19]。

図7-11は,その状況を示したものである。排出率 α が低下すると,第4象限の排出線の傾き α が小さくなる(つまり c 軸の方向に傾く)。同時に,第2象限の物質収支線の両切片 αc が小さくなる。家電製品の均衡購入量と廃家電製品の均衡引取量は変わらないので,消費者均衡点もそのままであり,当然効用水準も不変である。その一方で,物質収支線が下方にシフトするため,同一の引取量に対して,不法投棄量は減少する($d^* > d^{**}$)。

ところで,排出率が低下することによって,均衡における排出量 αc^* も製品購入量と同じだけ減少する。すなわち,(7-27)式より,

$$\frac{\partial (\alpha c^*)}{\partial \alpha} = c > 0 \tag{7-31}$$

が導かれる。前述の通り,引取量は変わらないので,排出量の減少がそのまま不法投棄量の減少に直結する。

以上の考察より,消費者による排出抑制の強化が,排出量と不法投棄量を等しく減少させる効果をもつことがわかった。そのとき,製品の購入量と引取量

---

19) 参考までに,仮に u_{cb} をはじめからゼロと仮定して計算すると,変数とパラメータの全微分値が非対称となることから,結果は複雑になる。また,α を c と同様に扱い,例えば $f(c, \alpha) = b + d$ という一般的な形で物質収支式を定義したとすると,1階条件以降の式は若干複雑となる。この場合,交差偏導関数 $f_{c\alpha}$ がゼロでないならば,比較静学の結果は一様でなくなる。後述するように,あくまで α が c の比例定数であるという点が,本章の単純な結論を導く要因である。

図7-11 排出率の低下がもたらす効果

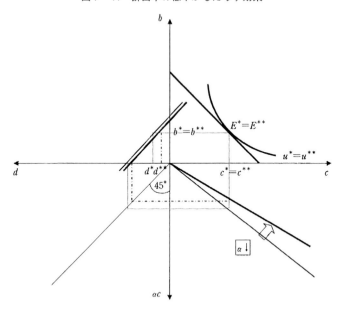

に影響は見られない。本章の冒頭で述べたように，家電リサイクル法における消費者の排出抑制はあくまで「努力」すべきことであり，果たすべき義務ではない。しかし，その数量効果は期待通り，いや期待以上であることが理論的に示された。

ただ，この結論の明確さは，排出率をパラメータとして取り扱っていることに大きく依存している。仮定を変更して，排出率が消費者の行為に依存して内生的に決まるようなモデルにすれば，得られる含意はより複雑になるだろう[20]。また，実際に消費者の排出率を低下させるにはどのような政策が有効なのかに

---

20) このような排出抑制の強化を表現する方法として，消費者からの排出率の低下以外にも，例えば製造業者が環境保全に配慮した製品設計を今以上に熱心に行う，という形もあるだろう。しかしその場合，製造業者が同設計に費やす努力を仮に内生変数と定義しても，消費者が製品を使う段階ではそれが外生的であると見なすのが自然である。したがって，一般均衡モデルのような相互依存関係を想定しない限り，単に製造業者の利潤にこの努力と関連する便益と費用を入れても新たな知見は得られないと思われる。

第7章　引取料金と処理責任の数量効果　　　175

ついて，これと併せて論じる必要があろう。

7－7　比較静学(4)：リサイクリング強化

一方，リサイクル率 β が変化することで，均衡値はどう変化するだろうか。実は以下の通り，消費者に関連する変数には影響がなく，製造業者のリサイクル量が変化するのみである。しかし，その方向は確定的ではない。

$$\frac{\partial c^*}{\partial \beta} = 0, \tag{7-32}$$

$$\frac{\partial b^*}{\partial \beta} = 0. \tag{7-33}$$

$$\frac{\partial d^*}{\partial \beta} = 0, \tag{7-34}$$

$$\frac{\partial r^*}{\partial \beta} = \frac{xh'' - (s^1 - h')}{h'' + \beta^2 \theta''}. \tag{7-35}$$

(7-35)式の右辺の分母は正であるから，もし $s^1 - h' < xh''$ ならば，β の上昇によりリサイクル量は増加する。つまり，ある有効引渡量 x において，収集運搬料金率 s^1 と実際の限界費用 h' の（正の）差額が相対的に小さいか，あるいは限界費用の増加の度合い h'' が相対的に大きければ，リサイクル推進派にとって「期待通り」の成果を得ることができる。

図7－12と図7－13はそれぞれ，リサイクル率の上昇がリサイクル量に与える影響を示したものであるが，前者は結果的にリサイクル量が増加する場合であり，後者は逆に減少する場合である。その違いは，原点を通る右上がりの点線 $h'' r \beta^{-2}$ の傾きが急であるか緩やかであるか，さらに限定するならば，収集運搬の限界費用の逓増分 h'' が大きいか小さいかによる。リサイクル率が上昇すると，この線と需要曲線 $(s^1 - h') \beta^{-1}$ との交点を境に，それより左側では需要曲線は下方にシフトし，右側では上方にシフトする。

図7－12では h'' が相対的に大きく，右上がりの点線と需要曲線との交点がより左上に位置する（そのときのリサイクル量は $\bar{r}$）。そのため，市場均衡点 M^* の周辺では需要曲線が上方にシフトしており，新しい均衡点 M^{**} でのリ

図7-12 リサイクル率の上昇とリサイクル量の増加

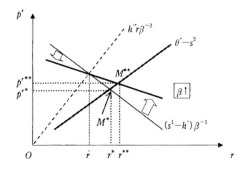

図7-13 リサイクル率の上昇とリサイクル量の減少

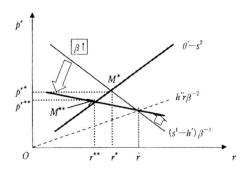

サイクル量 r^{**} は,リサイクル率の変化前に比べて増える。

一方の図7-13では,h'' が相対的に小さく,点線と需要曲線の交点はより右下に位置する。したがって,市場均衡点の周辺では需要曲線が下方にシフトし,新たな均衡リサイクル量 r^{**} は前に比べて減る。

ところで,一定水準の有効引渡量(とそれに対応するリサイクル量)を超えると,収集運搬の限界費用がその料金を上回るかもしれない。(7-17)式や図7-4で示したように,その水準におけるリサイクル製品価格は負になる。しかし,供給関数である(7-18)式の同価格が常に正でありさえすれば,均衡点で

の価格は正である。したがって，その点では間違いなく $s^1 - h' > 0$ であり，比較静学上の悩ましい問題は生じない。

　以上より，排出率の低下の効果とは対照的に，リサイクル率の上昇による効果は必ずしも直感通りではないことがわかった。収集運搬の限界費用がより逓増的ならばリサイクル量は増加するが，それほど逓増的でなければこの限りではない。この結論はまた，収集運搬料金率やリサイクル料金率の上昇が確実にリサイクル量を増やすのとは対照的である。

　ここで今一度注意したいのは，本章の部分均衡モデルにおける小売業者と製造業者に関する諸仮定は必要最低限のものであり，むしろ単純すぎるほどである，という点である。それでもこのように結論が一通りでないのは，ある意味で，リサイクリングを促進することの現実的な難しさを暗示しているのかもしれない。

　リサイクル製品の需要と供給はともに，各種料金，限界費用，リサイクル率に直接的，または間接的な影響を受ける。供給側が一方的にリサイクリングを促進しようとしても，需要側でその意向に沿った反応が必ずある，という保証はない[21]。それゆえに，リサイクリングを推進するような政策を強化したからといって，均衡リサイクル量が無条件に増えるわけではない。むしろ，リサイクル製品が過剰供給状態に陥ってしまい，無駄な資源として最終的に廃棄しなければならないかもしれない。

7-8　おわりに

　本章では，家電リサイクル法を念頭に置いた部分均衡モデルを構築し，引取料金，収集運搬料金，リサイクル料金といった各種関連料金の変化，あるいは排出抑制やリサイクルに関する処理責任の強化がどのような数量的効果を与えるかを，比較静学と図解を用いて明らかにした。

　ここでは，各節で得られた理論的含意のうち，特に重要なものを要約してお

---

21)　(7-17)式の需要関数は β に依存している一方，(7-18)式の供給関数には β がない，というよりは不要である（後者を r ではなく x をベースに計算すれば，$p'\beta = \theta'\beta - s^2\beta$ となる）。したがって，このモデルでは，リサイクル率の変化は需要側に直接影響を与える。

こう。

第1に，もし効用関数の交差偏導関数が非負であるならば，引取料金の上昇により廃家電製品の引取量は減少する。また，不法投棄量が所得の増加に応じて減少するならば，引取料金の上昇によって不法投棄は促進される。つまり，引取料金を上昇させることによる料金収支の改善は，引取量の減少や投棄量の増加といった事態につながる可能性がある。

第2に，収集運搬料金やリサイクル料金が上昇すれば，リサイクル量は増加する。ただ，前者の上昇による効果の方が大きい。これらの料金を逆方向に動かすことによって，リサイクリングを促進しつつ，料金支出の上昇を抑えることができる。

第3に，消費者からの排出率が低下すると，排出量と不法投棄量が等しく減少する一方，製品の購入量と引取量は不変である。したがって，実際どのようにして排出率を低下させるかという課題はあるものの，排出抑制は，廃棄物に関する明確な減量効果をもつ。

第4に，製造業者のリサイクル率が上昇するとき，収集運搬の限界費用が十分逓増的であるならば，リサイクル量は増加する。逆に，限界費用があまり逓増的でないならば，リサイクリングが促進される保証はない。

本章のモデルは，他の章のモデルとは違い，部分均衡分析によるものであった。使用済み製品の不法投棄や資源のリサイクリングが行われるという状況下で，政策の変化に伴い各経済主体の行動がどう変化するかを検討した実証的研究は，規範的なモデル分析に比べると，非常に数が少ない。かつ，本章のようなミクロ経済学のごく基礎的な論理を使った図解は，ほとんど見かけない。

最適な政策の組み合わせの是非を論じることが重要であるとともに，単純な構造のモデルを使って政策の数量的な効果を明らかにすることも，同じく重要な作業であると思われる。今後も，さまざまな想定に基づく応用的な分析を進めることが期待される[22]。

---

22) 小出(2007)は，この部分均衡モデルを基礎として，特に「前払い料金」と「後払い料金」の変化が不法投棄量に及ぼす効果を比較している。

数学付録：比較静学

本章のモデルの均衡$(c^*, d^*, \lambda^*, r^*)$および$b^* = \alpha c^* - d^*$を決定する方程式体系は，次の4式である。

$$
\begin{cases}
u_c(c^*, \alpha c^* - d^*) + \alpha u_b(c^*, \alpha c^* - d^*) - \lambda^*[\tau'(c^*) + s\alpha] = 0 \\
\qquad\qquad -u_b(c^*, \alpha c^* - d^*) + \lambda^* s = 0 \\
\qquad\qquad m - [\tau'(c^*) + s\alpha]c^* + sd^* = 0 \\
\qquad\qquad s^1 - h'(r^*\beta^{-1}) - \beta[\theta'(r^*) - s^2] = 0
\end{cases}
$$

これより，次の全微分体系を得る（煩雑を避けるため，偏導関数中のアステリスクは省略する）。

$$
\begin{bmatrix}
u_{cc} + 2\alpha u_{cb} + \alpha^2 u_{bb} - \lambda\tau'' & -(u_{cb} + \alpha u_{bb}) & -(\tau' + s\alpha) & 0 \\
-(u_{cb} + \alpha u_{bb}) & u_{bb} & s & 0 \\
-(\tau' + \tau''c + s\alpha) & s & 0 & 0 \\
0 & 0 & 0 & -\beta^{-1}(h'' + \beta^2\theta'')
\end{bmatrix}
$$

$$
\times
\begin{bmatrix}
dc^* \\
dd^* \\
d\lambda^* \\
dr^*
\end{bmatrix}
=
\begin{bmatrix}
\lambda\alpha ds \\
-\lambda ds \\
-dm + bds \\
-ds^1 - \beta ds^2
\end{bmatrix}
+
\begin{bmatrix}
-c(u_{cb} + \alpha u_{bb}) \\
cu_{bb} \\
sc \\
0
\end{bmatrix}
d\alpha
+
\begin{bmatrix}
0 \\
0 \\
0 \\
\beta^{-1}(s^1 - h' - xh'')
\end{bmatrix}
d\beta.
$$

ここで，

$$
\Delta \equiv
\begin{vmatrix}
u_{cc} + 2\alpha u_{cb} + \alpha^2 u_{bb} - \lambda\tau'' & -(u_{cb} + \alpha u_{bb}) & -(\tau' + s\alpha) & 0 \\
-(u_{cb} + \alpha u_{bb}) & u_{bb} & s & 0 \\
-(\tau' + \tau''c + s\alpha) & s & 0 & 0 \\
0 & 0 & 0 & -\Phi
\end{vmatrix}
$$

$$
= \Phi[s^2(u_{cc} - \lambda\tau'') - s(2\tau' + \tau''c)u_{cb} + \tau'(\tau' + \tau''c)u_{bb}]
$$

$$
< 0
$$

であると仮定する。ただし，$\Phi \equiv \beta^{-1}(h'' + \beta^2\theta'') > 0$ である。

[1] 所得および引取料金率の変化

$$\frac{\partial c^*}{\partial m} = \frac{\Phi}{\Delta}[\tau' u_{bb} - su_{cb}],$$

$$\frac{\partial d^*}{\partial m} = \frac{-\Phi}{\Delta}[s(u_{cc} - \lambda \tau'') - (\tau' - s\alpha)u_{cb} - \tau'\alpha u_{bb}],$$

$$\frac{\partial \lambda^*}{\partial m} = \frac{\Phi}{\Delta}[(u_{cc} - \lambda \tau'')u_{bb} - u_{cb}^2],$$

$$\frac{\partial b^*}{\partial m} = \frac{\Phi}{\Delta}[s(u_{cc} - \lambda \tau'') - \tau' u_{cb}],$$

$$\frac{\partial r^*}{\partial m} = 0.$$

$$\frac{\partial c^*}{\partial s} = \frac{-\Phi}{\Delta}s\tau'\lambda - b\frac{\partial c^*}{\partial m},$$

$$\frac{\partial d^*}{\partial s} = \frac{-\Phi}{\Delta}\tau'(\tau' + \tau''c + s\alpha)\lambda - b\frac{\partial d^*}{\partial m},$$

$$\frac{\partial \lambda^*}{\partial s} = \frac{-\Phi}{\Delta}[s(u_{cc} - \lambda \tau'') - (\tau' + \tau''c)u_{cb}]\lambda - b\frac{\partial \lambda^*}{\partial m},$$

$$\frac{\partial b^*}{\partial s} = \frac{\Phi}{\Delta}\tau'(\tau' + \tau''c)\lambda - b\frac{\partial b^*}{\partial m},$$

$$\frac{\partial r^*}{\partial s} = 0.$$

以上の式の中で，不変である均衡リサイクル量を除いて，無条件に符号が確定するような数量変化はない。

しかし，例えば（均衡における）効用の交差偏導関数 u_{cb} が非負であるならば，$\partial c^*/\partial m, \partial b^*/\partial m$ はともに正である。つまり，$u_{cb} \geq 0$ は，これら 2 式が正であるための十分条件である。かつそのとき，$\partial b^*/\partial s$ は負である。というのは，引取料金が上昇することによる引取量自体への代替効果は負であり，かつ実質所得の減少より所得効果も負であるからである。

表 7－1 と**表 7－2** はそれぞれ，$\partial c^*/\partial s > 0$ と $\partial d^*/\partial m < 0$ が成立するためのいくつかの必要条件を整理したものである。

まず，**表 7－1** に関して説明する。$\partial c^*/\partial s > 0$ が成立するためには，不等式 $p^c(u_b + bu_{bb}) > sbu_{cb}$ が満たされなければならない（本文の(7-7)式より，$\tau' =$

第7章　引取料金と処理責任の数量効果　　181

表7－1　引取料金の上昇が製品購入を増やすための第3必要条件

第1条件／第2条件	$u_{cb}<0$	$u_{cb}>0$
$u_b<-bu_{bb}$	[A] $\dfrac{p^c}{s}<\dfrac{bu_{cb}}{u_b+bu_{bb}}$	[C]　（不　可）
$u_b>-bu_{bb}$	[B]　必要なし	[D] $\dfrac{p^c}{s}>\dfrac{bu_{cb}}{u_b+bu_{bb}}$

表7－2　所得の増加が不法投棄を減らすための第3必要条件

第1条件／第2条件	$u_{cb}<-u_{bb}$	$u_{cb}>-u_{bb}$
$u_{cb}<(\lambda\tau''-u_{cc})/\alpha$	[E] $\dfrac{p^c}{s}<\dfrac{u_{cc}-\lambda\tau''+\alpha u_{cb}}{u_{cb}+u_{bb}}$	[G]　　必要なし
$u_{cb}>(\lambda\tau''-u_{cc})/\alpha$	[F]　　（不　可）	[H] $\dfrac{p^c}{s}>\dfrac{u_{cc}-\lambda\tau''+\alpha u_{cb}}{u_{cb}+u_{bb}}$

p^cである）。製品価格 p^c と引取料金 s が正である一方，u_{cb} と u_b+bu_{bb} の符号は不明である。

そこで，u_{cb} が負であるか正であるかを第1条件，u_b+bu_{bb} が負であるか正であるかを第2条件とし，さらに必要な上記の不等式を，第3条件としている。この3つめの条件が必要なのは，[A] と [D] の場合である。ちなみに，[B] は $p^c(u_b+bu_{bb})>0>sbu_{cb}$ であるから，3つめの条件を明示する必要はない。一方，[C] については，$p^c(u_b+bu_{bb})<0<sbu_{cb}$ となり，数学的に不適当である。なお，[D] では u_{cb} が正であるから，前述の通り $\partial c^*/\partial m>0$ である。

次に，表7－2について解説する。$\partial d^*/\partial m<0$ が成立するには，不等式 $p^c(u_{cb}+u_{bb})>s(u_{cc}-\lambda\tau''+\alpha u_{cb})$ が満たされなければならない。そこで，表7－1と同様の手続きにより，$u_{cb}+u_{bb}$ が負であるか正であるかを第1条件，$u_{cc}-\lambda\tau''+\alpha u_{cb}$ が負であるか正であるかを第2条件として，さらに必要な不等式を第3条件として示している。

この場合分けにおいても，[G] のように第3条件が不要な組み合わせや，[F] のように条件としては不適な組み合わせがある。ちなみに，$\partial d^*/\partial m<0$ であれば，必ず $\partial d^*/\partial s>0$ である。つまり，不法投棄が下級財的性質をもつならば，引取料金率の上昇は不法投棄の促進につながる。

182　　　　　　　　　第3部　引取料金と不法投棄

　ところで，それぞれの表中に示された p^c/s は，図7－6以降で描かれている予算制約線の傾き（の絶対値）である。したがって，変化の方向を見極めるためには，効用関数の形状に関する第1と第2の条件に加えて，その形状に依存する特定値が予算制約線の傾きより大きいか小さいか，が重要である。

[2] 収集運搬料金率およびリサイクル料金率の変化

$$\frac{\partial c^*}{\partial s^1}=0, \; \frac{\partial d^*}{\partial s^1}=0, \; \frac{\partial \lambda^*}{\partial s^1}=0, \; \frac{\partial b^*}{\partial s^1}=0, \; \frac{\partial r^*}{\partial s^1}=\frac{1}{\Phi}>0.$$

$$\frac{\partial c^*}{\partial s^2}=0, \; \frac{\partial d^*}{\partial s^2}=0, \; \frac{\partial \lambda^*}{\partial s^2}=0, \; \frac{\partial b^*}{\partial s^2}=0, \; \frac{\partial r^*}{\partial s^2}=\frac{\beta}{\Phi}>0.$$

　これらの料金が変化しても，均衡リサイクル量が変化するのみであり，消費者に関連する変数は何ら影響を受けない。それは，全微分体系の行列が，3×3の首座小行列（左上）と$-\Phi$（右下）とで分割可能だからである。なお，リサイクル量が変化するので，その原料である有効引渡量 x もその$1/\beta$倍だけ変化する。

[3] 排出率の変化

$$\frac{\partial c^*}{\partial \alpha}=0, \; \frac{\partial d^*}{\partial \alpha}=c>0, \; \frac{\partial \lambda^*}{\partial \alpha}=0, \; \frac{\partial b^*}{\partial \alpha}=0, \; \frac{\partial r^*}{\partial \alpha}=0.$$

　排出率の微小変化分 $d\alpha$ の列ヴェクトルは，不法投棄量の微小変化分 dd^* に関する全微分行列の第2列を，c でスカラー倍したものである。それゆえ，d^*以外の変数の計算では同じ列が2つ存在するため，お互いの効果を打ち消し合い，結局ゼロとなる。ただしこの結果は，u_{cb}を非ゼロと仮定していることによる。

[4] リサイクル率の変化

$$\frac{\partial c^*}{\partial \beta}=0, \; \frac{\partial d^*}{\partial \beta}=0, \; \frac{\partial \lambda^*}{\partial \beta}=0, \; \frac{\partial b^*}{\partial \beta}=0, \; \frac{\partial r^*}{\partial \beta}=\frac{xh''-(s^1-h')}{h''+\beta^2\theta''}.$$

この場合も，[2] の各料金率の変化と同様，均衡リサイクル量とそれに必要な有効引渡量が変化するのみである。

終　章　本書の成果と課題

　本書は，資源が循環的に利用される状況を考慮した経済理論モデルを構築した上で，経済活動に伴っていくつかの種類の外部性が生じる場合に，政策当局がどのような政策の組み合わせを設定すれば，市場経済の意思決定にそれらの外部性の影響を内部化できるのかを検討した。

　資源循環の一層の促進，ならびに不法投棄の一層の取り締まりが，世界各国および各地域の直面する重要な課題となっている昨今，一般均衡分析に基づくパレート最適と競争均衡の意思決定問題をそれぞれ比較することによって，規範的にみて最適である政策の組み合わせを導き出すことは，現実の政策的議論に理論的な根拠を与える意味で，重要な役割を担えるものと思われる。

　以下では，序章で掲げた本書を特徴づける3つの要点を，モデル分析の含意と関連させつつ，あらためて述べておく。

　第1に，本書では基本的に，できるだけ簡単化された理論モデルを使って，数多くの最適な政策の組み合わせを導出した。そして，いくつかの判断基準を設けることによって，それらの組み合わせの候補からより望ましいものを選抜した。その結果，政策当局にとって選択の幅が広く，政策の対象者にとってもわかりやすい政策の組み合わせを示すことができた。判断基準自体が妥当なのかどうかには，さらなる議論が必要であるものの，理論的に可能な限り多くの政策候補の中から導かれた政策は，それほど奇抜なものではなかった。

　なお，何を課税・補助の対象にすべきか，あるいは何が対象として利用可能なのかは，対象自体の性質をはじめ，政策当局による当該数量の観察のしやすさ，課税率の計算に必要な技術的情報の入手のしやすさなど，さまざまな現実的要素に依存しており，決め手となるような指針は存在しない。特に既存の理論研究では，生産要素である労働に対する課税・補助を仮定しないことが多い

が，そのような政策が常に不適当であるとは限らない。

例えば，他の生産主体に雇われている労働に対しては，その投入量は比較的明白であり，政策対象として有用であろう。その一方，自営業における労働量は客観的な測定が難しいことから，政策対象とするのはおそらく不適当である。また，廃棄物の排出を抑制する努力量についても，それが生産者に雇われて行われるものであれば観察は容易であろうが，自らの家庭で行われる排出抑制については，把握が非常に難しいに違いない。

したがって，特に第3章の循環資源モデルで仮定したように，あらかじめ可能な限りの政策の候補を挙げておくことは，外部性を内部化するための政策を幅広く議論するために必要な過程である。もちろん，その候補の中から適切なものを選抜していく，という作業を忘れてはならない。

第2に，理論モデルを構築する際，どのような外部性を仮定するのかについても注意を払った。本書のいくつかのモデルでは，既存の分析でよく採用されている，廃棄物処理や不法投棄に伴う外部不経済の存在に加えて，資源のリサイクリングが直接的な外部経済あるいは外部不経済を生み出すことも想定した。それによって，導かれる最適な政策の組み合わせが，より多彩なものとなることがわかった。そのような外部性が果たして存在するのか，という疑義もありうるが，外部性がない状況は外部性がある状況の特殊ケースであることから，導出された政策はより一般的な性質をもっている。

ただし，問題はまだある。これは外部性の内部化政策を論じる分析全般に共通することであるが，外部性を表す関数が実際にどのような形状をもつかは，実証的な研究成果を参考にするしかない。しかし，環境価値を評価する手法を用いて，外部性に関する何らかの数量に対して，可変的な「関数」を回帰分析により導くような試みを，寡聞にしてほとんど知らない。特定の「点」における推定結果は，時には参考になるものの，本書のように連続的な外部性の関数をモデル内で仮定する際には，その根拠としてはなはだ頼りない。

理論的には，外部性の関数がある区間において不連続であったり，限界外部費用（あるいは限界外部便益）がたまたまゼロであったりする場合，各種最大化の条件付けが変わってしまうため，本書で導かれた数々の政策的含意はその妥当性を失ってしまう。したがって，本書で前提とした数々の外部性は，あく

まで「数学的に問題のない」関数に基づいたものであることに，今一度留意すべきである。

第3に，本書後半のいくつかのモデルでは，消費者が使用済み製品を排出する際に引取料金を支払うことを前提とした。その結果，引取料金の水準が，外部性の内部化に有効な政策の組み合わせと密接な関係にあり，かつ，料金の収支や料金および課税率の符号に関連して，選択できる政策の幅が狭くなるということが明らかとなった。したがって，排出時での料金の支払い，つまり「後払い料金」の制度をモデルに組み込む場合，従来の分析のように課税・補助が自由に設定できると考えるのは安易である。

このような引取料金の値が確かに正であるかどうかは，実はモデル内で取り扱う関数の仮定に大きく依存している。とりわけ，外部性に伴う限界（不）効用，製品の限界生産物などの符号が重要である。逆に言うならば，競争均衡条件に現れる引取料金が厳密に正となるためには，モデルを設定する段階で，それなりの工夫を施しておかなければならない。

このことは，奇妙に聞こえるかもしれない。しかし，消費者が使用した製品を排出する段階である種の価格や課税率を設定するだけでは，ほとんど必ずといっていいほど，その値は負となる。というのは，そもそも資源のリサイクリングとは，消費者が供給する資源が再び生産要素となり，生産量の増加に寄与する過程である。それゆえに，その資源の供給に対して，消費者は報酬を受け取るのが自然なのである。

そこで，モデルにおいて引取料金の存在を示すためには，この経済原理を「少々崩す」必要がある。例えば第6章の投棄隠蔽モデルで示したように，有用資源を投入することによる限界生産物が常に正であるという仮定を緩めると，引取料金が正となる可能性が生まれる。この方法が果たして妥当かどうかは別途検討する必要があろうが，今のところ，この結果を得るためには，この方法しかないと思われる。

最後に，本書を締めくくるにあたって，現実の政策との関連で本書では十分に考慮できなかった課題を，3点に絞って記しておく。

第1は，現実の政策において頻繁に見られる規制的手法をどのように取り扱

うべきか，である。本書の分析では，第2章において排出規制，第5章において
リサイクル率規制を明示的に仮定した以外は，課徴金や補助金に代表される
経済的手法のみを，有効な政策であると仮定し続けた。

その一方で，序章でふれたように，現在の国際的な流れとしては，OECD
が提唱する拡大生産者責任をはじめ，厳しい規制的手法が続々と採用されつつ
ある。そもそも拡大生産者責任が本当に効率的なのかどうかを検討する必要も
あるが，本書のような理論分析において，実際の導入が進んでいる規制的手法
をどのように反映させるべきか，そして，規定の数量を遵守させることが果た
して望ましいことなのかどうかは，今後十分に追究すべき課題である。あるい
は逆に，経済主体の不遵守行為が目に余る場合に，現行の政策からどのように
規制的な措置へと切り換えるべきなのか，を議論することも重要であろう。

第2は，経済活動に関連して発生しうる外部性をどのように取り扱うべきか，
である。本書のそれぞれのモデル分析で示された外部性の源泉は，結局，最適
資源配分問題では自由に制御できる効用関数内の変数が，市場経済での意思決
定問題では制御できない，と想定していることにある。したがって，例えば第
1章のモデルでは，どちらの問題においても消費者は自らの排出抑制を制御で
きると仮定したので，その行為に対する政策は不要である。

また，本書でいくつか仮定した不法投棄による外部不経済に関しても，公共
経済学でいうところの"impure public goods"と解釈し，自分が投棄すること
の影響と他人が投棄することの影響は別物である，と考える方が，より適切な
のかもしれない。しかし，現実的に，不法投棄によって生じる諸々の悪影響は，
消費者の効用のみならず他の経済主体の状態，さらには政策当局自体にも波及
することが多いため，このような直感的な，技術的な措置だけで事足りるとは
思えない。この点に関しても，より慎重な検討が必要である。

第3は，政策当局の行動原理や目的をどのように仮定するべきか，である。
本書のモデル分析において，政策当局は課税や補助，あるいは規制を行う存在
であると仮定しているものの，当局自らが何らかの原理に基づいて何かに取り
組む，ということを定式化してはいない。よって，収支が黒字であろうと赤字
であろうと，政策当局の存続とは無関係である。

「公共経済学の一分野としての政治経済学」では，政策を行う主体自身の行

終　章　本書の成果と課題　　189

動原理を問題にしているが，外部性の内部化の議論もこのような研究成果から
積極的に学ぶべきであろう。ただ，例えば不法投棄を完全に撲滅する，という，
現実の政策で掲げられる目標を，このようなモデル分析においてどのように表
現できるだろうか。あるいは，不正を行う廃棄物処理業者をすべて取り締まる，
という政策目標を，いかにモデル化できるだろうか。この点も，簡単に答えが
出そうにない問いであるといえよう。

参考文献

Ackerman, Frank (1997), *Why Do We Recycle?: Markets, Values, and Public Policy*, Island Press, Washington, D.C.

Baumol, William J. (1977), "On Recycling as a Moot Environmental Issue," *Journal of Environmental Economics and Management* 4, pp.83-87.

Bohm, Peter (1981), *Deposit-Refund Systems: Theory and Applications to Environmental, Conservation, and Consumer Policy*, Johns Hopkins University Press, Baltimore.

Borts, G. H. and E. J. Mishan (1962), "Exploring the 'Uneconomic Region' of the Production Function," *Review of Economic Studies* 29, pp.300-312.

Calcott, Paul and Margaret Walls (2002), "Waste Recycling, and 'Design for Environment': Roles for Markets and Policy Instruments," Discussion Paper 00-30REV, Resources for the Future, Washington, D.C.

Choe, Chongwoo and Iain Fraser (1999), "An Economic Analysis of Household Waste Management," *Journal of Environmental Economics and Management* 38, pp.234-246.

Choe, Chongwoo and Iain Fraser (2001), "On the Flexibility of Optimal Policies for Green Design," *Environmental and Resource Economics* 18, pp. 367-371.

Cohen, Mark A. (1999), "Monitoring and Enforcement of Environmental Policy," in Folmer, Henk and Tom Tietenberg eds., *The International Yearbook of Environmental and Resource Economics 1999/2000: A Survey of Current Issues*, Edward Elgar, Cheltenham, Chapter 2.

Copeland, Brian R. (1991), "International Trade in Waste Products in the Presence of Illegal Disposal," *Journal of Environmental Economics and Management* 20, pp.143-162.

Craighill, Amelia L. and Jane C. Powell (1996), "Lifecycle Assessment and Economic Evaluation of Recycling: A Case Study," *Resources, Conservation and Recycling* 17, pp.75-96.

D'Arge, R. C. (1972), "Economic Growth and the Natural Environment," in

Kneese, Allen V. and Blair T. Bower eds., *Environmental Quality Analysis: Theory and Method in the Social Sciences*, Resources for the Future, Johns Hopkins Press, Baltimore, Chapter 1.

D'Arge, R. C. and K. C. Kogiku (1973), "Economic Growth and the Environment," *Review of Economic Studies* 40, pp.61-77.

Dinan, Terry M. (1993), "Economic Efficiency Effects of Alternative Policies for Reducing Waste Disposal," *Journal of Environmental Economics and Management* 25, pp.242-256.

Eichner, Thomas and Rüdiger Pethig (2001), "Product Design and Efficient Management of Recycling and Waste Treatment," *Journal of Environmental Economics and Management* 41, pp.109-134.

Ferguson, C. E. (1969), *The Neoclassical Theory of Production and Distribution*, Cambridge University Press, Cambridge.

Fullerton, Don and Garth Heutel (2007), "The General Equilibrium Incidence of Environmental Taxes," *Journal of Public Economics* 91, pp.571-591.

Fullerton, Don and Thomas C. Kinnaman (1995), "Garbage, Recycling, and Illicit Burning or Dumping," *Journal of Environmental Economics and Management* 29, pp.78-91.

Fullerton, Don and Thomas C. Kinnaman (1996), "Household Responses to Pricing Garbage by the Bag," *American Economic Review* 86, pp.971-984.

Fullerton, Don and Thomas C. Kinnaman eds. (2002), *The Economics of Household Garbage and Recycling Behavior*, Edward Elgar, Cheltenham.

Fullerton, Don and Gilbert E. Metcalf (2002), "Tax Incidence," in Auerbach, Alan J. and Martin Feldstein eds., *Handbook of Public Economics, Volume 4*, Elsevier Science B.V., Amsterdam, Chapter 26.

Fullerton, Don and Ann Wolverton (1999), "The Case for a Two-Part Instrument: Presumptive Tax and Environmental Subsidy," in Panagariya, Arvind *et al.* eds., *Environmental and Public Economics: Essays in Honor of Wallace E. Oates*, Edward Elgar, Cheltenham, Chapter 3.

Fullerton, Don and Ann Wolverton (2000), "Two Generalizations of a Deposit-Refund System," *American Economic Review* 90, pp.238-242.

Fullerton, Don and Wenbo Wu (1998), "Policies for Green Design," *Journal of Environmental Economics and Management* 36, pp.131-148.

Gates, John M. (1970), "On Defining Uneconomic Regions of the Production

Function: Comment," *American Journal of Agricultural Economics* 52, pp. 156-158.

Heyes, Anthony (2000), "Implementing Environmental Regulation: Enforcement and Compliance," *Journal of Regulatory Economics* 17, pp.107-129.

Hoel, Michael (1978), "Resource Extraction and Recycling with Environmental Costs," *Journal of Environmental Economics and Management* 5, pp. 220-235.

Holtermann, Sally E. (1976), "Alternative Tax Systems to Correct for Externalities, and the Efficiency of Paying Compensation," *Economica* 43, pp.1 -16.

Kinnaman, Thomas C. eds. (2003), *The Economics of Residential Solid Waste Management*, The International Library of Environmental Economics and Policy, Ashgate, England.

Kinnaman, Thomas C. and Don Fullerton (2000), "The Economics of Residential Solid Waste Management," in Tietenberg, Tom and Henk Folmer eds., *The International Yearbook of Environmental and Resource Economics 2000/2001: A Survey of Current Issues*, Edward Elgar, Cheltenham, Chapter 3.

Lah, T. J. (2002), "Critical Review of the Cost-Benefit Analysis in the Literature on Municipal Solid Waste Management," *International Review of Public Administration* (The Korean Association For Public Administration) 7, pp.137-145.

Lusky, Rafael (1975), "Optimal Taxation Policies for Conservation and Recycling," *Journal of Economic Theory* 11, pp.315-328.

Mäler, Karl-Göran (1974), *Environmental Economics: A Theoretical Inquiry*, Resources for the Future, Johns Hopkins Press, Baltimore.

Martin, Robert E. (1982), "Monopoly Power and the Recycling of Raw Materials," *Journal of Industrial Economics* 30, pp.405-419.

OECD (1997), *Evaluating Economic Instruments for Environmental Policy*, Organisation for Economic Co-operation and Development, Paris.

OECD (2001), *Extended Producer Responsibility: A Guidance Manual for Governments*, Organisation for Economic Co-operation and Development, Paris.

OECD (2004), *Economic Aspects of Extended Producer Responsibility*, Organisation for Economic Co-operation and Development, Paris.

Palmer, Karen and Margaret Walls (1997), "Optimal Policies for Solid Waste Disposal: Taxes, Subsidies, and Standards," *Journal of Public Economics* 65, pp.193-205.

Palmer, Karen and Margaret Walls (1999), "Extended Product Responsibility: An Economic Assessment of Alternative Policies," Discussion Paper 99-12, Resources for the Future, Washington, D.C.

Pezzey, John (1988), "Market Mechanisms of Pollution Control: 'Polluter Pays', Economic and Practical Aspects," in Turner, R. Kerry eds., *Sustainable Environmental Management: Principles and Practice*, Belhaven Press, London, Chapter 9.

Porter, Richard C. (2002), *The Economics of Waste*, Resources for the Future, Washington, D.C. (石川雅紀・竹内憲司訳(2005)『入門　廃棄物の経済学』東洋経済新報社)

Porter, Richard C. (2004), "Efficient Targeting of Waste Policies in the Product Chain," in OECD, *Addressing the Economics of Waste*, Organisation for Economic Co-operation and Development, Paris, pp.117-160.

Powell, Jane C., Amelia L. Craighill, Julian P. Parfitt and R. Kerry Turner (1996), "A Lifecycle Assessment and Economic Valuation of Recycling," *Journal of Environmental Planning and Management* 39, pp.97-112.

Runkel, Macro (2003), "Product Durability and Extended Producer Responsibility in Solid Waste Management," *Environmental and Resource Economics* 24, pp.161-182.

Russell, C. S. and P. T. Powell (1999), "Practical Considerations and Comparison of Instruments of Environmental Policy," in van den Bergh, J. C. J. M. eds., *Handbook of Environmental and Resource Economics*, Edward Elgar, Cheltenham, pp.307-328.

Ruston, John F. and Richard A. Denison (1996), "Advantage Recycle: Assessing the Full Costs and Benefits of Curbside Recycling," a report published by Environmental Defense Fund, New York.

Schulze, William D. (1974), "The Optimal Use of Non-renewable Resources: The Theory of Extraction," *Journal of Environmental Economics and Management* 1, pp.53-73.

Sharir, Shmuel (1978), "A Note on Production outside the 'Economic' Stages:

Some Common Errors and Omissions," *American Economist* 22, pp.66-71.

Sigman, Hilary (1998), "Midnight Dumping: Public Policies and Illegal Disposal of Used Oil," *RAND Journal of Economics* 29, pp.157-178.

Smith, Vernon L. (1977), "Control Theory Applied to Natural and Environmental Resources: An Exposition," *Journal of Environmental Economics and Management* 4, pp.1-24.

Suslow, Valerie Y. (1986), "Estimating Monopoly Behavior with Competitive Recycling: An Application to Alcoa," *RAND Journal of Economics* 17, pp.389-403.

Swan, Peter L. (1980), "Alcoa: The Influence of Recycling of Monopoly Power," *Journal of Political Economy* 88, pp.76-99.

Tinbergen, J. (1952), *On the Theory of Economic Policy*, North-Holland, Amsterdam. (気賀健三・加藤寛共訳(1956)『経済政策の理論』巌松堂出版)

Walls, Margaret (2003), "The Role of Economics in Extended Producer Responsibility: Making Policy Choices and Setting Policy Goals," Discussion Paper 03-11, Resources for the Future, Washington, D.C.

Walls, Margaret (2006), "Extended Producer Responsibility and Product Design: Economic Theory and Selected Case Studies," Discussion Paper 06-08, Resources for the Future, Washington, D.C.

Walls, Margaret and Karen Palmer (2001), "Upstream Pollution, Downstream Waste Disposal, and the Design of Comprehensive Environmental Policies," *Journal of Environmental Economics and Management* 41, pp.94-108.

Weinstein, Milton C. and Richard J. Zeckhauser (1974), "Use Patterns for Depletable and Recycleable Resources," *Review of Economic Studies*, Symposium on the Economics of Exhaustible Resources, pp.67-88.

Wohltmann, Hans-Werner (1981), "Complete, Perfect, and Maximal Controllability of Discrete Economic Systems," *Zeitschrift für Nationalökonomie (Journal of Economics)* 41, pp.39-58.

Young, Leslie (1977), "Alternative Tax Systems to Correct for Externalities and the Technical Options of Firms," *Economica* 44, pp.415-420.

Żylicz, Tomasz (2000), "Goals, Principles and Constraints in Environmental Policies," in Folmer, Henk and H. Landis Gabel eds., *Principles of Environmental and Resource Economics: A Guide for Students and Decision-*

Makers, Second Edition, Edward Elgar, Cheltenham, Chapter 5.

石渡正佳(2002), 『産廃コネクション』, WAVE 出版。

石渡正佳(2004), 『リサイクルアンダーワールド』, WAVE 出版。

植田和弘(1992), 『廃棄物とリサイクルの経済学』, 有斐閣。

大川真郎(2001), 『豊島産業廃棄物不法投棄事件：巨大な壁に挑んだ二五年のたたかい』, 日本評論社。

大塚直(2002), 『環境法』, 有斐閣。

梶山正三(2004), 『廃棄物紛争の上手な対処法（全訂増補版）』, 民事法研究会。

環境省(2003), 「廃棄物処理施設整備計画について」, 平成15年10月9日報道発表資料〔http://www.env.go.jp/press/press.php?serial＝4398〕。

環境省(2006a), 「市区町村における家電リサイクル法への取組状況について」, 平成18年11月28日報道発表資料〔http://www.env.go.jp/press/press.php?serial＝7741〕。

環境省(2006b), 「廃家電の不法投棄の状況について」, 平成18年11月28日報道発表資料〔http://www.env.go.jp/press/press.php?serial＝7742〕。

小出秀雄(1999), 「デポジット・リファンド制度が消費者の廃棄行動に及ぼす効果」, 『三田学会雑誌』（慶應義塾経済学会）92巻2号, 73-85頁。

Koide, Hideo (2000), "Optimal Combinations of Tax and Subsidy for Externalities due to Recycling Activities," 『西南学院大学経済学論集』第35巻第3号, 29-46頁。

Koide, Hideo (2002), "Comparative Study of Economic Instruments Using the Recovery Rate Function," 『西南学院大学経済学論集』第37巻第3号, 61-88頁。

小出秀雄(2004), 「家電リサイクル法の料金支払制度と不法投棄政策」, 『比較経済体制学会年報』第41巻第2号, 49-60頁。

小出秀雄(2005a), 「使用済み製品の引取と不法投棄の内部化政策：基本モデル」, 『西南学院大学経済学論集』第39巻第4号, 31-56頁。

小出秀雄(2005b), 「環境規制の遵守と罰金の基礎理論：廃棄物処理法の場合」, 久保庭眞彰編「環境経済論の最近の展開 2005」, ディスカッションペーパーシリーズB No.32, 一橋大学経済研究所, 13-37頁。

小出秀雄(2005c), 「廃棄物の不法投棄と罰金の抑制効果」, 日本経済学会2005年度秋季大会（中央大学）報告論文（未定稿）。

Koide, Hideo (2006a), "A Theoretical Analysis of Polluter-Pays Principle with 'Allocated Costs' between Economic Agents,"『西南学院大学経済学論集』第41巻第3号，53-79頁。

小出秀雄(2006b)，「青森・岩手県境不法投棄問題の経過と視察レポート：研究資料として」，『西南学院大学経済学論集』第41巻第1号，127-166頁。

小出秀雄(2007)，「"前払い"か"後払い"か？：不法投棄抑制の一つの判断基準」，『西南学院大学経済学論集』第41巻第4号，39-51頁。

小出秀雄・山下英俊(2003)，「廃棄物政策：発生抑制インセンティブの効果的利用に向けて」，寺西俊一編『新しい環境経済政策：サステイナブル・エコノミーへの道』，東洋経済新報社，第5章。

週刊循環経済新聞編集部編著(2005)，『写真でみる日本の不法投棄等：廃棄物の不適正処理をなくすために』，日報出版。

高杉晋吾(2003)，『崩壊する産廃政策：ルポ　青森・岩手産廃不法投棄事件』，日本評論社。

武田邦彦(2000a)，『「リサイクル」汚染列島』，青春出版社。

武田邦彦(2000b)，『リサイクル幻想』，文春新書。

津軽石昭彦・千葉実(2003)，『青森・岩手県境産業廃棄物不法投棄事件』（自治体法務サポート　政策法務ナレッジ），第一法規。

内閣府経済社会総合研究所編(2002)，『ガラスびん・鉄のリサイクルモデル：循環型経済社会システムの計量分析モデル』，財務省印刷局。

細田衛士(1999)，『グッズとバッズの経済学：循環型社会の基本原理』，東洋経済新報社。

細田衛士・横山彰(2007)，『環境経済学』，有斐閣。

山谷修作編著(2002)，『循環型社会の公共政策』，中央経済社。

鷲田豊明(1995)，「市場経済と資源リサイクル」，室田武ほか編著『循環の経済学：持続可能な社会の条件』，学陽書房，第3章。

謝　辞

　本書は，2007年10月に一橋大学大学院経済学研究科に受理された学位論文「資源循環経済の一般均衡モデルと外部性の内部化政策」を，若干修正したものである。文の構成と量は，ほぼそのままである。

　実は，この学位論文が形になるまでに，何度かの挫折を経験している。今まで発表した拙稿をまとめようと思い立ったのは数年前のことであるが，それ以降，ある程度作業をしては力尽きてやめる，ということを愚かにも繰り返してきた。しかし，2007年2月にハネムーンでモロッコを旅しているとき，砂漠と青空が延々と続く景色を眺めながら，やるなら今しかない，という脈絡のない確信をもち，隣に居た妻・有紀にその旨を大胆にも宣言した（してしまった，と言うべきか）。それに対する返事は，「（さっさと）やれ」だった。これで決意は固まった。

　本書は，これまでに小生が接してきた多くの方々のご指導なくしては，まとめ上げることはとうていできなかった。まず，久保庭眞彰先生と寺西俊一先生には，小生が一橋大学の大学院生として1994年度のゼミナールに参加し始めて以来，今なお変わらずご指導いただいている。どちらのゼミでも成り行き上，ほぼ毎回「アフターゼミ」（要するに宴会）が開講されていたため，勉強したことの多くが即日アルコールで洗い流されたが，今思うとそれは集中力と記憶力の鍛錬の場であった。大学院生が急増する前夜，ゼミ参加者はまだ少なく，各々違うことをやっていたこともあってか，みんな無責任なことを言い合ったり言わなかったりと，自主独立の気風の中で，実に有意義な時間を過ごすことができた。

　また，両先生のほかにも，有志のために産業組織論のゼミを開講してくださった後藤晃先生（現・公正取引委員会），論文がろくに書けない頃に拙稿を丁寧に見てくださった石川城太先生（一橋大学），横浜国立大学の学部生の頃に環境経済学を志すきっかけを与えてくださった長谷部勇一先生（横浜国立大学）

の学恩にも，深く感謝申し上げる。特に長谷部先生のゼミでは，マルクス経済学，比較経済体制論，経済数学，ミクロ経済学，公共経済学，環境経済学，パソコンによる情報処理など，さまざまな分野を自然に学べたことが，小生の経済学に対する視野を柔軟に広げることに役立った。

加えて，学位論文の審査のために貴重な時間を割いてくださった一橋大学の久保庭先生，寺西先生，浅子和美先生，雲和広先生，山下英俊先生には，口述試問の場において，提出時の論文に対して多くのご指摘と，改善に向けた貴重なご提案をいただいた。もし拙稿が少しでも改善されている点があるとすれば，言うまでもなくそれは，諸先生方の適切なご教示に全面的に依拠するものである。

さらに，学会や研究会等でのご指導で，あるいは日頃の意見交換を通じて，小生の研究に対する姿勢とその内容に少なからず影響を与えてくださっている下記の先生方にも，この場を借りてその学恩に厚く御礼を申し上げる。諸先生方のご指導とご関係がなくては，このような研究論文を執筆するための基礎をつくることはできなかったであろう。

赤尾健一先生（早稲田大学），阿部新先生（一橋大学），有村俊秀先生（上智大学），伊ヶ崎大理先生（熊本学園大学），李態妍先生（龍谷大学），植田和弘先生（京都大学），牛房義明先生（北九州市立大学），大内田康徳先生（広島大学），大沼あゆみ先生（慶應義塾大学），栗山浩一先生（早稲田大学），小島道一先生（アジア経済研究所），後藤大策先生（広島大学），境和彦先生（久留米大学），坂田裕輔先生（近畿大学），笹尾俊明先生（岩手大学），新熊隆嘉先生（関西大学），竹内憲司先生（神戸大学），柘植隆宏先生（甲南大学），時政勗先生（広島修道大学），内藤徹先生（釧路公立大学），中村愼一郎先生（早稲田大学），新澤秀則先生（兵庫県立大学），沼田大輔先生（福島大学），福山博文先生（鹿児島大学），藤田敏之先生（九州大学），藤田康範先生（慶應義塾大学），細江守紀先生（九州大学），細田衛士先生（慶應義塾大学），松波淳也先生（法政大学），松本茂先生（青山学院大学），三浦功先生（九州大学），柳瀬明彦先生（東北大学），藪田雅弘先生（中央大学），横山彰先生（中央大学），吉田文和先生（北海道大学），鷲田豊明先生（上智大学）。〔以上，五十音順〕

謝　辞　　201

　なお，本書を構成している個別の論文を発表する際に，住友財団環境研究助成（2002年11月〜2004年3月），および文部科学省科学研究費補助金（若手研究（B））（平成16年度〜平成18年度）による貴重なご支援をいただいた。また，奉職して10年目となる西南学院大学から支給されている個人研究費も，日々の研究の遂行に大いに貢献している。小生の研究に対する大学同僚の理解と協力への感謝とともに，あらためて御礼申し上げる（追記：2008年5月に本学の研究奨励表彰を受けた）。

　加えて，本書を刊行するために，格別のご理解とご尽力を賜った勁草書房編集部の宮本詳三氏，ならびに独立行政法人日本学術振興会平成20年度科学研究費補助金（研究成果公開促進費（学術図書））による少なからぬご助力に，心から感謝する次第である。

　最後に，小生が学部3年生の冬に，無謀にも普通の就職ではなく学究の道を選んだことを何の異論もなく認めてくれた父・銀造と母・幸子へ，身内にはないこのような生き方を理解し励ましてくれた兄・剛（2006年2月他界）と健次へ，そして，日頃から小生の生活を献身的に支えてくれている妻・有紀と笑顔が愛おしい長女・彩乃（2008年1月生）へ，この拙い研究成果をもってその恩に報いたい。

2008年6月　福岡・西新の研究室にて

小　出　秀　雄

索　引

あ 行

後払い方式　　9, 134, 178, 187
一般廃棄物（ごみ）　　36, 37, 116
汚染者支払い原則（PPP）　　77

か 行

回収再資源化料金　　8
ガイダンス・マニュアル　　77
拡大生産者責任（EPR）　　4, 77, 188
家電リサイクル法　　3, 8, 97, 98, 116, 119, 154, 155, 174, 177
環境経済学　　5
環境省　　3, 4, 36, 37, 119
規模の経済　　116
逆有償　　106, 109, 116, 163
金銭的責任（費用負担）　　4, 77, 78, 93
グリーン購入法　　3
グリーン製品デザイン　　55
形式的な負担　　90, 94
建設リサイクル法　　3
公共経済学　　187
個別リサイクル法　　3
ごみ　→　一般廃棄物

さ 行

産業組織論　　5
産業廃棄物　　4, 36, 116, 118, 153
資源経済学　　5
資源の有効な利用の促進に関する法律　　3, 8, 59

実際の負担　　89, 90
自動車リサイクル法　　3, 8
収集運搬料金　　98, 105, 106, 115, 154, 155, 160, 161, 171, 177, 178
循環型社会形成推進基本法　　3, 36
循環型社会形成推進基本計画　　36
食品リサイクル法　　3
処理責任　→　物理的責任
税の転嫁と帰着　　89
ゼロエミッション　　101

た 行

デポジット　　65, 88, 94
動学的最適化モデル　　5
特定再利用業種　　59
トレードオフ　　11, 98, 119, 133, 139, 151, 153, 169, 170

は 行

廃棄物処理施設整備計画　　36
廃棄物処理法　　3, 116, 118, 126
廃電気電子機器リサイクル制度　　4
比較静学　　115, 164, 170, 171, 173, 175, 177, 179
ピグー税　　29, 31, 87
ピグー補助金　　29
費用負担　→　金銭的責任
物理的責任（処理責任）　　4, 11, 77, 78, 93, 154, 155, 171, 172, 177, 178

ま　行

前払い方式　　9, 134, 178
マニフェスト制度　　139

や　行

容器包装リサイクル法　　3, 76

ら　行

ライフサイクル　　55
リサイクル料金　　9, 98, 105, 106, 115, 154, 155,
　160, 161, 171, 177
リファンド　　65, 88, 104

アルファベット

EPR　→　拡大生産者責任
EU　　4
Kuhn–Tucker 条件　　49
OECD　　4, 15, 34, 77, 78, 188
PPP　→　汚染者支払い原則
REACH　　4
RoHS　　4
Tinbergen の定理　　16
WEEE　　4

著者紹介
1971年　新潟県三条市生まれ
1994年　横浜国立大学経済学部卒業
1999年　一橋大学大学院経済学研究科博士課程単位取得退学
2007年　一橋大学博士（経済学）
現　在　西南学院大学経済学部教授

主　著
・「外部性をもつ資源利用，及び廃棄物処理の一般均衡分析」（細江守紀・藤田敏之編著『環境経済学のフロンティア』勁草書房，2002年）
・「家電リサイクル法の料金制度と経済的手法」（西日本理論経済学会編『現代経済学研究』第11号，2004年）
・「環境政策」（緒方隆・須賀晃一・三浦功編『公共経済学』勁草書房，2006年）

資源循環経済と外部性の内部化

2008年11月20日　第1版第1刷発行

著　者　小　出　秀　雄
　　　　　こ　いで　ひで　お

発行者　井　村　寿　人

発行所　株式会社　勁　草　書　房
　　　　　　　　　けい　そう

112-0005　東京都文京区水道2-1-1　振替 00150-2-175253
（編集）電話 03-3815-5277／FAX 03-3814-6968
（営業）電話 03-3814-6861／FAX 03-3814-6854
平文社・牧製本

©KOIDE Hideo　2008

ISBN978-4-326-50315-5　Printed in Japan

JCLS ＜㈳日本著作出版権管理システム委託出版物＞
本書の無断複写は著作権法上での例外を除き禁じられています。
複写される場合は，そのつど事前に㈳日本著作出版権管理システム
（電話03-3817-5670、FAX03-3815-8199）の許諾を得てください。

＊落丁本・乱丁本はお取替いたします。
http://www.keisoshobo.co.jp

資源循環経済と外部性の内部化

2015年1月20日 オンデマンド版発行

著者 小 出 秀 雄

発行者 井 村 寿 人

発行所 株式会社 勁 草 書 房

112-0005 東京都文京区水道2-1-1 振替 00150-2-175253
(編集) 電話03-3815-5277／FAX 03-3814-6908
(営業) 電話03-3814-6861／FAX 03-3814-6854
印刷・製本 (株)デジタルパブリッシングサービス http://www.d-pub.co.jp

© KOIDE Hideo 2008 AI952

ISBN978-4-326-98195-3 Printed in Japan

JCOPY ＜(社)出版者著作権管理機構 委託出版物＞
本書の無断複写は著作権法上での例外を除き禁じられています。
複写される場合は、そのつど事前に、(社)出版者著作権管理機構
(電話03-3513-6969、FAX 03-3513-6979、e-mail: info@jcopy.or.jp)
の許諾を得てください。

※落丁本・乱丁本はお取替いたします。
http://www.keisoshobo.co.jp